21 世纪全国高校应用人才培养网络技术类规划教材

网络工程实践教程
——实验指南

主　编　于富强　李青茹
副主编　张林伟　王立壮
参　编　耿宗科　郭　晴　李兆飞
　　　　谢春燕　裴书芳　丁子彪
　　　　崔冠宁

内 容 简 介

本书以网络基础知识为基础,以 Cisco 2811 路由器、Catalyst 3560 和 Catalyst 2950 交换机为硬件平台,从理论基础出发,以实际环境为虚拟场景,展示出每一个实验的实际应用环境。每个实验包括实验目的、虚拟场景、实验拓扑、实验步骤、实验调试及注意事项和实验思考问题。本书主要内容包括:网络基础理论、Cisco 设备介绍、Cisco 设备基本配置、静态路由、RIP、EIGRP、OSPF、VLAN、STP、ACL、NAT、DHCP 和帧中继等。

本书讲述实验理论基础,主要侧重实验技能提高,既可以作为大中专院校电子与计算机等专业网络实验用书,以及网络工程爱好者实验指导用书,又可以作为网络工程师培训机构培训教材,为准备考取 Cisco 认证网络工程(CCNA)认证的读者提供实验指导,还可以作为网络管理人员很实用的技术参考用书。

图书在版编目(CIP)数据

网络工程实践教程:实验指南/于富强,李青茹主编. —北京:北京大学出版社,2010.8
(21 世纪全国高校应用人才培养网络技术类规划教材)
ISBN 978-7-301-17370-1

Ⅰ.①网… Ⅱ.①于… ②李… Ⅲ.①计算机网络—高等学校:技术学校—教学参考资料 Ⅳ.①TP393
中国版本图书馆 CIP 数据核字(2010)第 116288 号

书　　名:	网络工程实践教程——实验指南
著作责任者:	于富强　李青茹　主编
策 划 编 辑:	吴坤娟
责 任 编 辑:	吴坤娟　刘红娟　张文军
标 准 书 号:	ISBN 978-7-301-17370-1/TP・1113
出 　版 　者:	北京大学出版社
地　　　址:	北京市海淀区成府路 205 号　100871
网　　　址:	http://www.pup.cn
电　　　话:	邮购部 62752015　发行部 62750672　编辑部 62756923　出版部 62754962
电 子 信 箱:	zyjy@pup.cn
印 　刷 　者:	河北滦县鑫华书刊印刷厂
发 　行 　者:	北京大学出版社
经 　销 　者:	新华书店
	787 毫米×1092 毫米　16 开本　14 印张　306 千字
	2010 年 8 月第 1 版　2018 年 7 月第 3 次印刷
定　　　价:	28.00 元

未经许可,不得以任何方式复制或抄袭本书之部分或全部内容。

版权所有,侵权必究
举报电话:010-62752024;电子信箱:fd@pup.pku.edu.cn

前　言

目前计算机网络已经进入世界上的每一个角落，计算机网络是人们不可缺少的通讯方式、消费方式、办公方式或娱乐方式，网络设备在计算机网络中起到了决定性的作用。如何提高网络的效率、开发网络的潜能、增加网络的安全、提高网络的稳定性成了网络界中最主要的任务，但目前 Internet 上近 80% 的信息量经由思科系统公司的产品传递，所以思科设备的应用技术成了网络工程界的领导者。本书以理论为基础，以实验技能为手段，主要目的是提高读者实践操作技能。本书特色如下：

本书第 1 章和第 2 章主要阐述网络基础知识；第 3～16 章首先讲解该章涉及的理论基础，然后以实验为目的，以虚拟环境为依托，使读者掌握技术应用场景。

本书实验以简单实用为目的，主要在提高读者入门技能的情况下，加深对技能的理解。

本书每一个实验包括实验目的、虚拟场景、实验拓扑、实验步骤、实验调试及注意事项和实验思考问题，使读者在每一个实验中能够学有所用，学有所思。

本书可以为准备考取 Cisco 认证网络工程（CCNA）认证的读者提供实验指导。

本书大部分实验以 Cisco 2811 路由器、Catalyst 3560 和 Catalyst 2950 交换机为硬件平台，由于各实验环境的差异，请读者在理解实验原理和技能的情况下，自主变动实验拓扑。

本书由于富强、李青茹、张林伟、王立壮、耿宗科、郭晴、谢春燕、裴书芳、李兆飞、丁子彪、崔冠宁编写，全书由于富强统稿和定稿。

由于时间仓促，编者水平有限，书中难免有不妥或错误之处，恳请同行专家批评指正。Email：yufuq@163.com。

编　者
2010 年 4 月

目 录

第1章 网络技术基础 ... 1
1.1 计算机网络简介 ... 1
1.1.1 计算机网络的概念 ... 1
1.1.2 计算机网络的功能 ... 1
1.1.3 计算机网络的分类 ... 2
1.1.4 计算机网络的体系结构 ... 3
1.1.5 网络中常用术语 ... 4
1.1.6 数据传输介质 ... 4
1.2 Internet 的地址系统 ... 6
1.2.1 IP 地址 ... 6
1.2.2 子网掩码 ... 7
1.3 网络设备 ... 8
1.3.1 中继器 ... 9
1.3.2 网桥（Bridge） ... 9
1.3.3 路由器（Router） ... 9
1.4 网络设备图符 ... 10

第2章 思科系列设备介绍 ... 11
2.1 路由器设备 ... 11
2.1.1 路由器的组成 ... 11
2.1.2 路由器的启动过程 ... 12
2.1.3 路由器接口 ... 15
2.1.4 路由器接口的命名 ... 19
2.2 交换机设备 ... 20
2.2.1 交换机的启动过程 ... 20
2.2.2 交换机的 LED 指示灯 ... 23
2.2.3 交换机接口的命名 ... 24
2.3 防火墙设备 ... 25
2.3.1 防火墙定义 ... 25
2.3.2 防火墙分类 ... 25

第3章 路由器基本配置 ... 28
3.1 路由器 IOS 简介 ... 28
3.1.1 连接到路由器 ... 28
3.1.2 命令行界面 ... 28

		3.1.3 路由器的模式 ·········	29
		3.1.4 路由器基本命令 ·········	29
3.2		实验1：通过 Console 口访问路由器 ·········	32
3.3		实验2：通过 Telnet 访问路由器 ·········	35
3.4		实验3：CLI 的使用及 IOS 基本命令 ·········	36
3.5		实验4：一台路由器连通两个不同网络 ·········	38
3.6		实验5：CDP ·········	39
3.7		实验6：IOS 的备份 ·········	41
3.8		实验7：路由器密码恢复与 IOS 的恢复 ·········	43
3.9		路由器基本配置命令汇总 ·········	44

第 4 章 静态路由配置 ········· 46

4.1	静态路由理论指导 ·········	46
	4.1.1 静态路由 ·········	46
	4.1.2 默认路由 ·········	48
4.2	实验1：静态路由 ·········	49
4.3	实验2：默认路由 ·········	53
4.4	静态路由命令汇总 ·········	55

第 5 章 RIP 路由配置 ········· 56

5.1	RIP 协议理论指导 ·········	56
	5.1.1 RIP 工作的基本原理 ·········	56
	5.1.2 RIP 的运行特点 ·········	57
	5.1.3 路由环路 ·········	57
	5.1.4 RIP 的基本配置 ·········	57
5.2	实验1：RIPv1 基本配置 ·········	58
5.3	实验2：RIPv2 基本配置 ·········	63
5.4	实验3：RIPv2 认证 ·········	66
5.5	RIP 路由配置基本命令汇总 ·········	68

第 6 章 EIGRP 路由配置 ········· 70

6.1	EIGRP 协议理论指导 ·········	70
	6.1.1 EIGRP 相关术语 ·········	70
	6.1.2 EIGRP 的可靠性 ·········	71
	6.1.3 邻居的发现 ·········	71
	6.1.4 EIGRP 的邻居表和拓扑表 ·········	71
	6.1.5 弥散更新算法（Diffusing Update Algorithm，即 DUAL） ·········	72
	6.1.6 EIGRP 的度量 ·········	73
	6.1.7 自治系统和 ID ·········	73
	6.1.8 EIGRP 的基本配置命令 ·········	74

6.2	实验1：EIGRP 基本配置	75
6.3	实验2：EIGRP 负载均衡、汇总和认证	80
6.4	实验3：EIGRP 认证	85
6.5	EIGRP 路由配置命令汇总	86

第 7 章 OSPF 路由配置 ... 88

- 7.1 OSPF 协议理论指导 ... 88
  - 7.1.1 OSPF 相关术语 ... 88
  - 7.1.2 SPF 算法 ... 89
  - 7.1.3 OSPF 的负载均衡 ... 89
  - 7.1.4 OSPF 的基本配置命令 ... 90
- 7.2 实验1：单区 OSPF 基本配置 ... 91
- 7.3 实验2：多区 OSPF 基本配置 ... 97
- 7.4 实验3：基于区域的 OSPF 简单口令认证 ... 101
- 7.5 实验4：基于链路的 OSPF 简单口令认证 ... 104
- 7.6 OSPF 路由配置命令汇总 ... 105

第 8 章 交换机基本配置 ... 107

- 8.1 交换机配置理论指导 ... 107
  - 8.1.1 配置交换机 IP 地址 ... 107
  - 8.1.2 配置交换机接口 ... 108
- 8.2 实验1：交换机基本配置 ... 108
- 8.3 实验2：交换机密码恢复 ... 109
- 8.4 实验3：交换机 IOS 恢复 ... 111
- 8.5 交换机基本命令汇总 ... 112

第 9 章 VLAN ... 114

- 9.1 VLAN 理论指导 ... 114
  - 9.1.1 VLAN 划分 ... 114
  - 9.1.2 TRUNK 配置 ... 115
  - 9.1.3 VTP 配置 ... 116
- 9.2 实验1：VLAN 划分 ... 118
- 9.3 实验2：Trunk 配置 ... 120
- 9.4 实验3：VTP 配置 ... 122
- 9.5 VLAN 基本命令汇总 ... 124

第 10 章 STP ... 125

- 10.1 STP 理论指导 ... 125
  - 10.1.1 STP ... 125
  - 10.1.2 PVST ... 126
  - 10.1.3 RSTP ... 126

	10.2	实验1：STP 和 PVST	127
	10.3	实验2：RSTP	130
	10.4	STP 基本命令汇总	132

第11章 VLAN 间路由 133

	11.1	VLAN 间路由理论指导	133
		11.1.1 物理接口和子接口	133
		11.1.2 单臂路由	133
		11.1.3 三层交换	134
	11.2	实验1：普通 VLAN 间路由配置	135
	11.3	实验2：三层交换实现 VLAN 间路由	137
	11.4	VLAN 间路由命令汇总	141

第12章 ACL 142

	12.1	ACL 理论指导	142
		12.1.1 标准 ACL	143
		12.1.2 扩展 ACL	144
		12.1.3 命名 ACL	145
		12.1.4 在 VTY 上应用 ACL	146
	12.2	实验1：标准 ACL	146
	12.3	实验2：扩展 ACL	149
	12.4	实验3：命名 ACL	151
	12.5	ACL 命令汇总	152

第13章 NAT 153

	13.1	NAT 理论指导	153
		13.1.1 私有 IP 地址	153
		13.1.2 静态 NAT	154
		13.1.3 动态 NAT	155
		13.1.4 PAT	156
	13.2	实验1：静态 NAT 配置	157
	13.3	实验2：动态 NAT 配置	160
	13.4	实验3：PAT 配置	162
	13.5	NAT 命令汇总	164

第14章 DHCP 165

	14.1	DHCP 理论指导	165
		14.1.1 DHCP 基本配置	165
		14.1.2 DHCP 中继	166
	14.2	实验1：DHCP 基本配置	167
	14.3	实验2：DHCP 中继	169

14.4　DHCP 命令汇总 …………………………………………………………………… 171

第 15 章　HDLC 和 PPP …………………………………………………………………… 172
15.1　HDLC 和 PPP 理论指导 …………………………………………………………… 172
15.1.1　HDLC 基本配置 ……………………………………………………… 172
15.1.2　PPP 基本配置 ………………………………………………………… 173
15.1.3　PAP 认证 ……………………………………………………………… 175
15.1.4　CHAP 认证 …………………………………………………………… 175
15.2　实验 1：HDLC 和 PPP 基本配置 ………………………………………………… 176
15.3　实验 2：PAP 认证 ………………………………………………………………… 179
15.4　实验 3：CHAP 认证 ……………………………………………………………… 181
15.5　HDLC 和 PPP 命令汇总 …………………………………………………………… 182

第 16 章　帧中继 …………………………………………………………………………… 183
16.1　帧中继理论指导 …………………………………………………………………… 183
16.1.1　帧中继基本配置 ……………………………………………………… 183
16.1.2　帧中继映射 …………………………………………………………… 186
16.2　实验 1：帧中继基本配置 ………………………………………………………… 187
16.3　实验 2：帧中继映射 ……………………………………………………………… 189
16.4　帧中继命令汇总 …………………………………………………………………… 191

附录 A　Packet Tracer 5.2 简介 ………………………………………………………… 192
A.1　安装 ………………………………………………………………………………… 192
A.2　添加网络设备和计算机构建网络 ………………………………………………… 193
A.3　真实或模拟环境测试网络 ………………………………………………………… 204

附录 B　思科设备命令速查表 …………………………………………………………… 206

参考文献 …………………………………………………………………………………… 213

第 1 章　网络技术基础

随着计算机科学与技术的发展，计算机网络已经进入了世界上的每一个角落。为了深入学习计算机网络，掌握计算机网络的基础知识是完全必要的。

1.1　计算机网络简介

计算机网络是计算机技术和通信技术相结合的产物，它是信息高速公路的重要组成部分，是一种涉及多门学科和多个技术领域的综合性技术。

1.1.1　计算机网络的概念

计算机网络是指将地理位置不同的具有独立功能的多台计算机及其外部设备，通过通信线路连接起来，在网络操作系统、网络管理软件及网络通信协议的管理和协调下，实现资源共享和信息传递的计算机系统。

从以上的计算机网络的定义中，可以看出以下几层含义。
- 计算机网络连接的是独立运行的计算机。
- 计算机互联的目的是实现硬件、软件及数据资源的共享，以克服单机的局限性。
- 计算机网络靠通信设备和线路，把处于不同地点的计算机连接起来，以实现网络用户间的数据传输。
- 在计算机网络中，网络软件是必不可少的。

1.1.2　计算机网络的功能

计算机网络的功能主要体现在以下几个方面。

1. 信息交换

信息交换功能是计算机网络最基本的功能，主要完成网络中各个结点之间的通信。任何人都需要与他人交换信息，计算机网络提供了最快捷、最方便的途径。人们可以在网上传送电子邮件、发布新闻消息，进行电子商务、远程教育、远程医疗等活动。

2. 资源共享

资源指的是网络中所有的软件、硬件和数据。共享指的是网络中的用户都能够部分或全部地使用这些资源。

通常，在网络范围内的各种输入/输出设备、大容量的存储设备、高性能的计算机等都是可以共享的硬件资源，对于一些价格高又不经常使用的设备，可通过网络共享提高设备的利用率，节省重复投资。

软件共享是网络用户对网络系统中的各种软件资源的共享，如主计算机中的各种应用软件、工具软件、语言处理程序等。

数据共享是网络用户对网络系统中的各种数据资源的共享。网上的数据库和各种信息资源是共享的一个主要内容。因为任何用户都不可能把需要的各种信息由自己搜集齐全，而且也没有这个必要，计算机网络提供了这样的便利，全世界的信息资源可以通过Internet实现共享。

3. 分布式处理

当某台计算机负担过重时，或该计算机正在处理某项工作时，网络可将任务转交给空闲的计算机来完成，这样处理能均衡各计算机的负载，提高处理问题的实时性。对大型综合性问题，可将问题各部分交给不同的计算机分别处理，充分利用网络资源，扩大计算机的处理能力。对解决复杂问题来讲，多台计算机联合使用并构成高性能的计算机体系，这种协同工作、并行处理要比单独购置高性能的大型计算机便宜得多。

1.1.3 计算机网络的分类

计算机网络可以从不同的角度进行分类，最常见的分类方法是按网络通信涉及的地理范围来划分。

1. 局域网

局域网（LAN），一般用微型计算机通过高速通信线路相连，覆盖范围不超过10公里，通常用于连接一幢或几幢大楼。在局域网内传输速率较高，一般为10～1 000Mb/s；传输可靠，误码率低；结构简单，容易实现。

2. 城域网

城域网（MAN），是在一个城市范围内建立的计算机通信网。通常使用与局域网相似的技术，传输媒介主要采用光缆，传输速率在100Mb/s以上。所有联网设备均通过专用连接装置与媒介相连，但对媒介的访问控制在实现方法上与LAN不同。

3. 广域网

广域网（WAN），又称远程网。通常是指涉及城市与城市之间、国家与国家之间，甚至洲与洲之间的地理位置跨度比较大的网络。它一般使用公用通信网或邮电部门提供的通信设施进行通信，这就使广域网的数据传输率比局域网系统慢，传输误码率也较高。随着新的能够提供更宽带宽、更快传输率的全球光纤通信网络的引入，广域网的速度也将大大提高。

4. 互联网

互联网因其英文单词Internet的读音，又称为因特网。它是由广域网与广域网、广域网与局域网、局域网与局域网等互联而成的巨型网络。无论从地理范围，还是从网络规模来讲，它都是最大的一种网络。互联网的特点是信息量大、传播广，整个网络的计算机每时每刻随着人们网络的接入在不断地变化。因为这种网络的复杂性，所以互联网的实现技术也就非常复杂。

1.1.4 计算机网络的体系结构

1. 网络协议

在计算机网络中,为了使计算机之间能正确传输信息,必须有一套关于信息传输顺序、信息格式和信息内容等的约定,这些约定称为网络协议。

网络协议就是网络之间沟通、交流的桥梁,只有相同网络协议的计算机才能进行信息的沟通与交流。这就好比人与人之间交流所使用的各种语言一样,只有使用相同语言才能正常、顺利地进行交流。从专业角度定义,网络协议是计算机在网络中实现通信时必须遵守的约定,也就是通信协议。主要是对信息传输的速率、传输代码、代码结构、传输控制步骤、出错控制等做出规定并制定出标准。

2. 网络系统的体系结构

由于网络协议包含的内容相当多,为了减少设计上的复杂性,近代计算机网络都采用分层的层次结构,即把一个复杂的问题分解成若干个较简单又易于处理的问题,使之容易实现。在这种分层结构中,每层都是建立在它下一层的基础上,每层间有相应的通信协议,相邻层之间的通信约束称为接口。在分层处理后,相似的功能出现在同一层内,每一层仅与其相邻上、下层通过接口通信,使用下层提供的服务,并向上层提供服务。上、下层之间的关系是下层对上层服务,上层是下层的用户。

计算机网络的各个层和在各层上使用的全部协议统称为网络系统的体系结构。体系结构是比较抽象的概念,可以用不同的硬件和软件来实现这样的结构。

国际标准化组织(International Standard Organization,简称为 ISO)于 1978 年发布了一个使各种计算机能够互联的标准框架——开放式系统互联参考模型(Open System Interconnection/Reference Model,缩写为 OSI/RM),简称 OSI。所谓开放,就是指任何不同的计算机系统,只要遵循 OSI 标准,就可以和同样遵循这一标准的任何计算机系统通信。这是一个计算机互联的国际标准,它描述了网络硬件和软件是如何在一种分层的模式下协同工作来完成通信的。

OSI 参考模型把网络通信分成 7 层,每一层覆盖了不同的网络活动、设备和协议(如图 1-1 所示)。OSI 每一层均提供某种服务或操作,为把数据通过网络发布给另外一台计算机。最低两层定义了网络的物理介质和一些相关的任务,例如把数据位放置到网卡和电缆上去等;最高的几层定义应用程序访问通信服务的方式。层与层之间彼此是通过接口边界来隔离的。

OSI 实际上并非是一个实用型的网络协议,仅仅是划分了网络层次的一种参考模型,为设计真正实用的网络协议提供了指导,简化了协议的设计,方便了网络的互联。此外,通信设备也是分层次的,例如后面介绍的集线器、网桥、路由器与网关,就分别属于物理层、数据链路层、网络层与应用层,它们各自使用相应层次的网络协议。国际互联网使用的是称为"TCP/IP"的协议,它采用了 OSI 中的若干层。

7. 应用层
6. 表示层
5. 会话层
4. 传输层
3. 网络层
2. 数据链路层
1. 物理层

图 1-1　OSI 参考模型

1.1.5　网络中常用术语

1. 信道

在传输介质电路中，用信道表示向某一个方向传送信息的媒体。一般可以将信道视为一条通信电路的逻辑部分。

信道按照传输介质可分为有线信道、无线信道和卫星信道；按使用权限可分为专用信道和公用信道；按照传输信号的种类又可分为模拟信道和数字信道。

2. 带宽

带宽是指信道能传送信号的频率宽度，也就是可传送的信号的最高频率与最低频率之差。

例如，一个标准电话线路的频带为 300 Hz ~ 3 400 Hz，即带宽为 3 100 Hz。由于传输信号时会产生各种失真，外界的干扰也会以各种不同的方式进入信道，在实际使用中只能利用频带中间的一段，其带宽约为 2 400 Hz。

通常用带宽来描述传输介质的传输容量，介质的传输容量越大，带宽就越宽，通信能力就越强，传输率也越高。数字传输时，带宽表示数据的传输速率，单位为 bit/s。

3. 域（DOMAIN）

域（DOMAIN）是一个安全系统的边界。

4. 冲突及冲突域

冲突（collision）：在以太网中，当两个节点同时传输数据时，从两个设备发出的帧将会碰撞，在物理介质上相遇，彼此数据都会被破坏。

冲突域（collision domain）：一个支持共享介质的网段，即两个帧可能发生碰撞的区域。

5. 广播域

广播域（broadcast domain）：广播帧传输的网络范围，一般是路由器来设定边界（因为路由器不转发广播）。

1.1.6　数据传输介质

传输介质就是通信中实际传送信息的载体，在网络中是连接收发双方的物理通路。传输介质可分为有线介质和无线介质。

1. 有线介质

目前常用的有线介质有双绞线、同轴电缆、光缆等。

(1) 双绞线

双绞线是为了降低信号的干扰而把两根绝缘铜导线相互扭绕成一对线,并将多对这种线封装在一个绝缘外套中而形成的一种传输介质,是目前局域网最常用的一种布线材料。双绞线的优点是组网方便,价格最便宜;缺点是传输距离一般小于100米,过长的连接线会导致信息传输的不稳定,双绞线如图1-2所示。

图1-2 双绞线示意图

(2) 同轴电缆

同轴电缆是由一根空心的外圆柱导体和一根位于中心轴线的内导线组成的。内导线是传输线,外圆柱导体是屏蔽层,内导线和圆柱导体之间用绝缘材料隔开(如图1-3所示)。

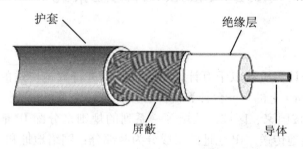

图1-3 同轴电缆示意图

同轴电缆可分为粗缆和细缆两种。

粗缆适用于较大局域网的网络干线,布线距离较长,可靠性较好。粗缆局域网中每段长度可达500米。用粗缆组建局域网虽然各项性能较高,具有较大的传输距离,但是网络安装、维护等方面比较困难,造价较高。

细缆一般用于总线型网布线连接。细缆网络每段干线长度最大为185米,每段干线最多接入30个用户。细缆安装较容易,而且造价较低,但因受网络布线结构的限制,其日常维护不太方便，一旦一个用户出故障，便会影响其他用户的正常工作。

（3）光缆

光缆是由一组光导纤维组成的用来传播光束的、细小而柔韧的传输介质。与其他传输介质相比，光缆的电磁绝缘性能好，信号衰变小，频带较宽，传输距离较长。光缆的传输距离远、传输速度快，是局域网中传输介质的佼佼者，但成本较高，且需要对光电信号做转换，主要用于主干网的连接（如图1-4所示）。

图1-4 光缆示意图

2. 无线介质

无线传输是指在空间中采用无线频段、红外线、激光等进行传输。无线传输不受固定位置的限制，可以全方位实现三维立体通信和移动通信。

目前，在电磁波频谱中可用于通信的有无线电波、微波、红外、可见光等。计算机网络系统中的无线通信主要指微波通信，微波通信又分为地面微波通信和卫星微波通信等。

1.2 Internet 的地址系统

1.2.1 IP 地址

Internet 上连接的计算机数以千万计，为了辨认要进行数据传送的目的计算机，根据 IP 协议规定，在 Internet 上的每一台计算机都必须拥有一个 Internet 地址（简称 IP 地址），并且以系统的方法，按国家、区域、地域等一系列的规则来分配 IP 地址，以确保数据在 Internet 上快速、准确地传送。IP 地址的组成分为两部分：网络地址和主机号。

- 网络地址：用于识别主机所在的网络。
- 主机号：用于识别该网络中的主机。

IP 地址分为 5 类，A 类保留给政府机构，B 类分配给中等规模的公司，C 类分配给任何需要的人，D 类用于组播，E 类用于实验。各类可容纳的地址数目不同。

A、B、C、D、E 五类 IP 地址的特征为：当将 IP 地址写成二进制形式时，A 类地址的第一位总是 0，B 类地址的前两位是 10，C 类地址的前三位总是 110，D 类地址的前四位是 1110，E 类地址的前四位固定为 1111。

1. A 类地址

- A 类地址第 1 字节为网络地址，其他 3 个字节为主机地址。
- A 类地址范围：1.0.0.1–126.255.255.254。
- A 类地址中的私有地址为 10.0.0.0–10.255.255.255。

2. B 类地址

- B 类地址第 1 字节和第 2 字节为网络地址，其他 2 个字节为主机地址。
- B 类地址范围：128.0.0.1–191.255.255.254。
- B 类地址的私有地址为 172.16.0.0–172.31.255.255。

3. C 类地址

- C 类地址第 1 字节、第 2 字节和第 3 个字节为网络地址，第 4 个字节为主机地址。
- C 类地址范围：192.0.0.1–223.255.255.254。
- C 类地址中的私有地址为 192.168.0.0–192.168.255.255。

4. D 类地址

- D 类地址不分网络地址和主机地址。
- D 类地址范围：224.0.0.1–239.255.255.254。

5. E 类地址

- E 类地址不分网络地址和主机地址。
- E 类地址范围：240.0.0.1–255.255.255.254。

1.2.2 子网掩码

1. 子网掩码定义

子网掩码（subnet mask）又叫网络掩码、地址掩码、子网络遮罩，它用来指明一个 IP 地址的哪些位标识的是子网，以及哪些位标识的是主机。子网掩码不能单独存在，它必须结合 IP 地址一起使用。

子网掩码只有一个作用，就是将某个 IP 地址划分成网络地址和主机地址两部分。这样会把 32 位的 IP 地址分为两部分，即网络号和主机号，人们分别把它们叫做 IP 地址的"网间网部分"和"本地部分"。子网编址技术将本地部分进一步划分为"物理网络"部分和"主机"部分。

2. 子网掩码 IP 协议标准规定

每一个使用子网的网点都选择一个 32 位的位模式，若位模式中的某位置 1，则对应 IP 地址中的某位为网络地址（包括网间网部分和物理网络号）中的一位；若位模式中的某位置 0，则对应 IP 地址中的某位为主机地址中的一位。例如位模式 11111111 11111111

11111111 00000000 中，前三个字节全 1，代表对应 IP 地址中最高的三个字节为网络地址；后一个字节全 0，代表对应 IP 地址中最后的一个字节为主机地址。这种位模式叫做子网模（subnet mask）或"子网掩码"。

3. 子网掩码计算示例

子网掩码与 IP 地址结合使用，可以区分出一个网络地址的网络号和主机号。

例如：有一个 C 类地址为 192.9.200.13，其默认的子网掩码为 255.255.255.0，则它的网络号和主机号可按如下方法得到：

（1）将 IP 地址 192.9.200.13 转换为二进制 11000000 00001001 11001000 00001101。
（2）将子网掩码 255.255.255.0 转换为二进制 11111111 11111111 11111111 00000000。
（3）将两个二进制数逻辑与（AND）运算后得出的结果即为网络部分。

```
        11000000  00001001  11001000  00001101
AND     11111111  11111111  11111111  00000000
结果    11000000  00001001  11001000  00000000
```

转化为十进制得到 192.9.200.0，即网络号为 192.9.200.0。

（4）将子网掩码取反再与 IP 地址逻辑与（AND）后得到的结果即为主机部分。

```
        11000000  00001001  11001000  00001101
AND     00000000  00000000  00000000  11111111
结果    00000000  00000000  00000000  00001101
```

转化为十进制得到 0.0.0.13，即主机号为 13。

4. 默认子网掩码

A 类 IP 地址默认子网掩码为：255.0.0.0。
B 类 IP 地址默认子网掩码为：255.255.0.0。
C 类 IP 地址默认子网掩码为：255.255.255.0。

5. 子网掩码常见情况

以 C 类 IP 地址为例：
11111111 11111111 11111111 00000000 即 255.255.255.0（默认子网掩码）
11111111 11111111 11111111 10000000 即 255.255.255.128
11111111 11111111 11111111 11000000 即 255.255.255.192
11111111 11111111 11111111 11100000 即 255.255.255.224
11111111 11111111 11111111 11110000 即 255.255.255.240
11111111 11111111 11111111 11111000 即 255.255.255.248
11111111 11111111 11111111 11111100 即 255.255.255.252
11111111 11111111 11111111 11111110 即 255.255.255.254

1.3 网络设备

网络中主要的网络设备有中继器、集线器、路由器、交换机等，它们的主要任务是转发数据包。

1.3.1 中继器

中继器（Repeater）是局域网互连的最简单设备，它工作在 OSI 体系结构的物理层，它接收并识别网络信号，然后再生成新信号，并将其发送到网络的其他分支上。中继器可以用来连接不同的物理介质，并在各种物理介质中传输数据包。多端口中继器如图 1-5 所示。

图 1-5 多端口中继器示意图

中继器是扩展网络的最廉价的方法。当扩展网络的目的是要突破距离和结点的限制时，并且连接的网络分支都不会产生太多的数据流量，成本又不能太高时，就可以考虑选择中继器。采用中继器连接网络分支的数目要受具体的网络体系结构限制。

中继器没有隔离和过滤功能，它不能阻挡含有异常的数据包从一个分支传到另一个分支。这意味着，一个分支出现故障可能影响到其他的每一个网络分支。

集线器是有多个端口的中继器，俗称 HUB。

1.3.2 网桥（Bridge）

网桥工作于 OSI 体系的数据链路层。所以 OSI 模型数据链路层以上各层的信息对网桥来说是毫无作用的。

网桥包含了中继器的功能和特性，不仅可以连接多种介质，还能连接不同的物理分支，如以太网和令牌网，能将数据包在更大的范围内传送。网桥的典型应用是将局域网分段成子网，从而降低数据传输的瓶颈，这样的网桥叫"本地"桥。用于广域网上的网桥叫做"远地"桥。两种类型的桥执行同样的功能，只是所用的网络接口不同。

生活中的交换机就是网桥，如图 1-6 所示。

图 1-6 交换机示意图

1.3.3 路由器（Router）

路由器工作在 OSI 体系结构中的网络层，这意味着它可以在多个网络上交换和路由数据包。路由器的主要工作就是为经过路由器的每个数据帧寻找一条最佳传输路径，并将该数据有效地传送到目的站点。由此可见，选择最佳路径的策略即路由算法是路由器的关键所在。为了完成这项工作，在路由器中保存着各种传输路径的相关数据——路由表（Routing Table），供路由选择时使用。

路由表包含有网络地址、连接信息、路径信息和发送代价等。

路由器比网桥慢，主要用于广域网与广域网或局域网的互连，如图 1-7 所示。

图 1-7 路由器示意图

1.4 网络设备图符

本书全部设备以 Cisco 设备为例，图 1-8 所示为网络设备图符。

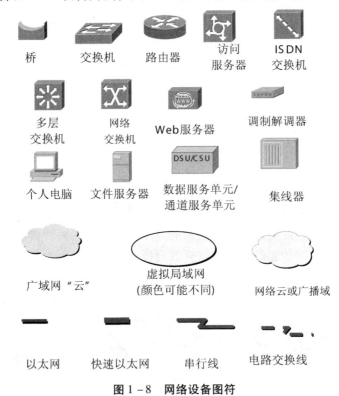

图 1-8 网络设备图符

第 2 章　思科系列设备介绍

2.1　路由器设备

路由器是连接因特网中各局域网、广域网的设备，它会根据信道的情况自动选择和设定路由，以最佳路径按前后顺序发送信号。路由器英文名 Router，是互联网络的枢纽和"交通警察"。目前路由器已经广泛应用于各行各业，各种不同档次的产品已经成为实现各种骨干网内部连接、骨干网间互联和骨干网与互联网互联互通业务的主力军。

2.1.1　路由器的组成

路由器由处理器、存储器和接口组成，如图 2-1 所示。做好路由器配置工作需要对路由器的各个方面都有很深的了解，特别是路由器的组成及各种部件的详细知识。

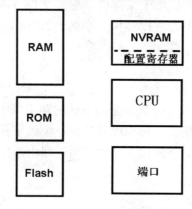

图 2-1　路由器内部结构图

1. 处理器（CPU）

和其他计算机一样，运行着 IOS（Internetwork Operating System）的路由器也包含了一个"中央处理器"（CPU）。不同系列和型号的路由器 CPU 也不尽相同。路由器的处理器负责执行处理数据包所需的工作，比如维护路由和桥接所需的各种表格以及做出路由决定等。路由器处理数据包的速度在很大程度上取决于处理器的类型。

2. 内存（RAM）

所有计算机都安装了某些形式的内存。路由器的内存主要采用了 4 种类型：只读存储器（ROM）、闪存（FLASH）、随机存取内存（RAM）、非易失性 RAM（NVRAM）。

（1）随机存取内存（RAM）

随机存取内存是可读可写的存储器，但它存储的内容在系统重启或关机后将被清除。和计算机中的 RAM 一样，Cisco 路由器中的 RAM 也是运行期间暂时存放操作系统和数据的存储器，让路由器能迅速访问这些信息。运行期间，RAM 中包含路由表项目、ARP 缓冲项目、日志项目和队列中排队等待发送的分组。除此之外，还包括运行配置文件（Running – config）、正在执行的代码、IOS 操作系统程序和一些临时数据信息。

（2）只读存储器（ROM）

只读存储器（ROM）在 Cisco 路由器中的功能与计算机中的 ROM 相似，主要用于系统初始化等功能。ROM 中主要包含以下内容。

- 系统加电自检代码（POST），用于检测路由器中各硬件部分是否完好。
- 系统引导区代码（BootStrap），用于启动路由器并载入 IOS 操作系统。
- 备份的 IOS 操作系统，以便在原有 IOS 操作系统被删除或破坏时使用。通常，这个 IOS 比现运行 IOS 的版本低一些，但却足以使路由器启动和工作。

（3）闪存（FLASH）

Flash 内存，也叫闪存，是路由器中常用的一种内存类型。它是可读写的存储器，在系统重新启动或关机之后仍能保存数据。Flash 中存放着当前使用中的 IOS（路由器操作系统）。

（4）非易失性 RAM（NVRAM）

非易失性 RAM（Nonvolatile RAM）是可读可写的存储器，在系统重新启动或关机之后仍能保存数据。由于 NVRAM 仅用于保存启动配置文件（Startup – config），故其容量较小，通常在路由器上只配置 32KB~128KB 大小的 NVRAM。同时，NVRAM 的速度较快，成本也比较高。

3. 接口（Interface）

所有路由器都有接口（Interface），在采用 IOS 的路由器中，每个接口都有自己的名字和编号。一个接口的全名由它的类型标识以及至少一个数字构成，编号自 0 开始。路由器的一个接口连接一个网络，然后不同网络通信是通过路由器把数据包从一个接口传到另一个接口，详见本章 2.1.3 节。

2.1.2 路由器的启动过程

要了解路由器的启动顺序，必须了解配置寄存器的值。配置寄存器值是由十六位的二进制数构成，最低四位是启动选项位，也就是说根据这四位的配置来选择路由器从哪里启动。

最低四位的值是 0000，则进入 ROM Monitor，提示符为 Rommon >。

最低四位的值是 0001，则进入 IOS（提供完整 IOS 的一个子集），提示符为 Router (boot)>。

最低四位的值是 0010 – 1111，则检查 NVRAM 中的 boot system。

路由器启动的开机详细启动过程如图 2 – 2 所示。

当路由器加电启动时，如同普通 PC 一样，系统会执行一系列步骤，以测试路由器相关硬件是否工作正常，并加载路由器运行所需的软件。路由器官方把这个一系列步骤统称为启动顺序。大致来说，路由器的启动顺序包括 4 个步骤。

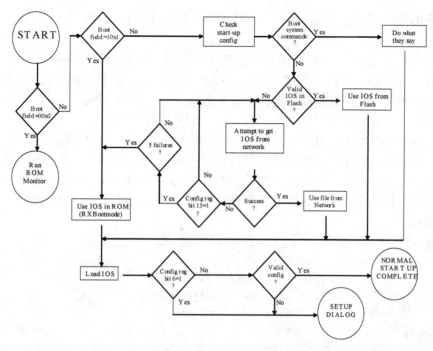

图 2-2 路由器的启动过程示意图

第一步：路由器执行开机自检。

当路由器加电启动时，路由器首先会执行开机自检。开机自检会检查路由器的相关硬件，以验证设备的所有组件目前是否是可运行的，是否有一些硬件上的故障。如开机自检会检查路由器的不同接口，查看其工作状态。开机自检程序存储在只读存储器中并且从只读存储器中运行。

第二步：查找并加载操作软件。

若开机自检顺利通过的话，则 BootStrap 程序会查找可用的 IOS（网络操作系统）软件，并加载它。这个程序是位于只读存储器中的程序，主要用来执行一些路由器操作系统运行前的准备工作。BootStrap 程序负责在网络中查找每个网络操作系统的位置，找到后就加载它。通常情况下，这个应用程序会依次从闪存、TFTP 服务器、ROM 等位置查找网络操作系统。也就是说，默认情况下，路由器都从闪存加载路由器网络操作系统。但是，若当闪存出现一些问题时，则网络管理员就不得不改变这个顺序，让路由器从 TFTP 服务器或者 ROM 中启动，以便于网络管理员查找路由器的问题所在。

这就如同普通 PC，默认情况下，都从硬盘启动。可是当硬盘启动程序出现问题的时候，有时候就需要从光盘启动。然后去查找并修改问题；又或者去备份一些重要文件，以防止丢失，等等，这跟路由器的操作原理是类似的。

第三步：查找路由器配置文件。

当路由器网络操作系统顺利加载之后，其就会在 NVRAM 中查找有效的配置文件，它主要用来保存路由器和交换机的相关配置。当路由器或者交换机重新加载后并不删除非易失性 RAM 中的内容。而路由器操作系统要正常启动的话，则其必需要找到一个 Startup-config 的配置文件。只有当管理员将 Running-config 文件复制到非易失性 RAM 时才会产生该文件。但在一些新的 ISR 路由器中，默认情况下就有一个预先加载小型的 Startup – config 文件。

第四步：应用相关配置。

如果在非易失性 RAM 中有这个启动配置文件的话，则路由器网络操作系统会将这个文件复制到 RAM 中并调用其中的 Runing – config 文件。这个文件中保存着路由器的相关配置参数。路由器操作系统就是根据这些配置参数来进行运作的。当路由器顺利完成这个动作之后，路由器的启动就顺利完成了，可以进行相关的网络操作。

但是，如果在非易失性 RAM 中没有这个启动配置文件时，路由器网络操作系统就会向所有进行载波检测的接口发送广播。其目的就是要查找可用的 TFTP 主机，以便寻找相关的配置。如果进行广播之后，路由器仍然找不到可用的 Startup – config 文件的话，则路由器将启动设置模式，让网络管理员重新进行相关的配置。以 Cisco 2811 为例，下面是路由器的启动过程：

```
System Bootstrap,Version 12.1(3r)T2,RELEASE SOFTWARE(fc1)
Copyright(c)2000 by cisco Systems,Inc.
cisco 2811(MPC860)processor(revision 0x200)with 60416K/5120K bytes of memory
Self decompressing the image:################################[OK]
                Restricted Rights Legend
Use,duplication,or disclosure by the Government issubject to restrictions as
set forth in subparagraph(c)of the Commercial Computer Software - Restricted
Rights clause at FAR sec.52.227 -19 and subparagraph(c)(1)(ii)of the Rights in
Technical Data and ComputerSoftware clause at DFARS sec.252.227 -7013.
           cisco Systems,Inc.
           170 West Tasman Drive
           San Jose,California 95134 -1706
Cisco IOS Software,2800 Software(C2800NM - ADVIPSERVICESK9 - M),Version 12.4
(15)T1,RELEASE SOFTWARE(fc2)
Technical Support: http://www.cisco.com/techsupport
Copyright(c)1986 -2007 by Cisco Systems,Inc.
CompiledWed 18 - Jul -07 06:21 by pt_rel_team
Image text - base:0x400A925C,data - base:0x4372CE20
This product contains cryptographic features and is subject toUnited States
and local country laws governing import,export,transfer and use. Delivery of Cisco
cryptographic products does not imply third - party authority to import,export,
distribute or use encryption. Importers,exporters,distributors and users are re-
sponsible for compliance with U.S. and local country laws. By using this product you
agree to comply with applicable laws and regulations. If you are unable to comply
with U.S. and local laws,return this product immediately.
   A summary ofU.S. laws governing Cisco cryptographic products may be found at:ht-
tp://www.cisco.com/wwl/export/crypto/tool/stqrg.html
   If you require further assistance please contact us by sending email to
export@ cisco.com. cisco 2811(MPC860)processor(revision 0x200)with 60416K/
5120K bytes of memory
Processor board ID JAD05190MTZ(4292891495)
M860 processor:part number 0,mask 49
2 FastEthernet/IEEE802.3interface(s)
```

```
239K bytes of non-volatile configuration memory.
62720K bytes of ATA CompactFlash(Read/Write)
Cisco IOS Software,2800 Software(C2800NM-ADVIPSERVICESK9-M),Version 12.4
(15)T1,RELEASE SOFTWARE(fc2)
Technical Support:http://www.cisco.com/techsupport
Copyright(c)1986-2007 by Cisco Systems,Inc.
Compiled Wed 18-Jul-07 06:21 by pt_rel_team
          --- System Configuration Dialog---
Continue with configuration dialog? [yes/no]:
```

如果没有 Startup-config 文件，会出现 Continue with configuration dialog? [yes/no]，这时可以选择"yes"进行向导配置，如果选择"no"或按 Ctrl+C 组合键，则进入用户模式。

2.1.3 路由器接口

路由器具有非常强大的网络连接和路由功能，它可以与各种各样的不同网络进行物理连接，这就决定了路由器的接口技术非常复杂，越是高档的路由器其接口种类也就越多，因为它所能连接的网络类型越多。路由器的接口主要分局域网接口、广域网接口和配置接口三类，下面分别介绍。

1. 局域网接口

常见的以太网接口主要有 AUI、BNC、SC 接口和 RJ-45 接口，还有 FDDI、ATM，下面分别介绍主要的几种局域网接口。

（1）AUI 接口

AUI（Attachment Unit Interface）接口就是用来与粗同轴电缆连接的接口，是一种"D"型15针接口，这在令牌环网或总线型网络中是一种比较常见的接口之一。路由器可通过粗同轴电缆收发器实现与 10Base-5 网络的连接，但更多的则是借助于外接的收发转发器（AUI-to-RJ-45）实现与 10Base-T 以太网络的连接。当然，也可借助于其他类型的收发转发器实现与细同轴电缆（10Base-2）或光缆（10Base-F）的连接。AUI 接口示意图如图 2-3 所示。

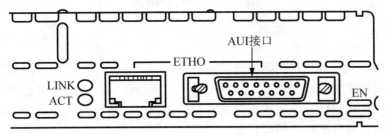

图 2-3　路由器 AUI 接口示意图

（2）RJ-45 接口

RJ-45 接口是最常见的接口，它是常见的双绞线以太网接口。因为在快速以太网中也主要采用双绞线作为传输介质，所以根据接口的通信速率不同，RJ-45 接口又可分为 10Base-T 网 RJ-45 接口和 100Base-TX 网 RJ-45 接口两类。其中，10Base-T 网的 RJ-45 接口在路由器中通常标识为"ETH"（如图 2-4 所示），而 100Base-TX 网的 RJ-45

接口则通常标识为"10/100bTX"（如图 2-5 所示）。

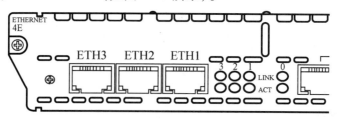

图 2-4　10Base-T 网 RJ-45 接口

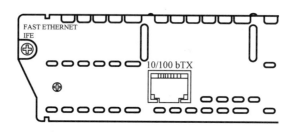

图 2-5　10/100Base-TX 网 RJ-45 接口

（3）SC 接口

SC 接口也就是人们常说的光纤接口，它用于与光纤的连接。光纤接口通常是不直接用光纤连接至工作站，而是通过光纤连接到快速以太网或千兆以太网等具有光纤接口的交换机。这种接口都以"100b FX"标注，如图 2-6 所示。

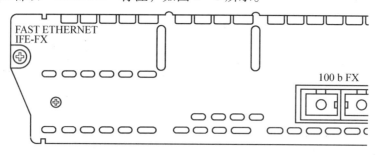

图 2-6　SC 接口示意图

2. 广域网接口

路由器不仅能实现局域网之间的连接，更重要的应用还是在于局域网与广域网、广域网与广域网之间的连接。但是因为广域网规模大，网络环境复杂，所以也就决定了路由器用于连接广域网的接口的速率要求非常高，在以太网中一般都要求在 100Mbps 快速以太网以上，下面介绍几种常见的广域网接口。

（1）RJ-45 接口

利用 RJ-45 接口也可以建立广域网与局域网 VLAN（虚拟局域网）之间，以及与远程网络或 Internet 的连接。如果使用路由器为不同 VLAN 提供路由时，可以直接利用双绞线连接至不同的 VLAN 接口。如果必须通过光纤连接至远程网络，或连接的是其他类型的接口时，则需要借助于收发转发器才能实现彼此之间的连接。快速以太网（Fast Ethernet）接口如图 2-7 所示。

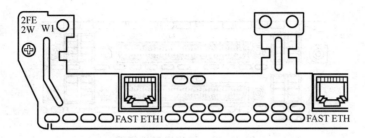

图 2-7　快速以太网接口示意图

（2）AUI 接口

AUI 接口在局域网接口中也讲过，用于与粗同轴电缆连接的网络接口，其实 AUI 接口也常用于与广域网的连接，但是这种接口类型在广域网应用得比较少。在 Cisco 2600 系列路由器上，提供了 AUI 与 RJ-45 两个广域网连接接口（如图 2-8 所示），用户可以根据自己的需要选择适当的类型。

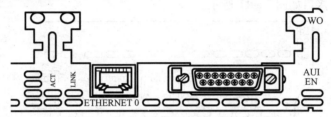

图 2-8　AUI 接口示意图

（3）高速同步串口

在路由器的广域网连接中，应用最多的接口还要算"高速同步串口"（SERIAL）了，如图 2-9 所示。

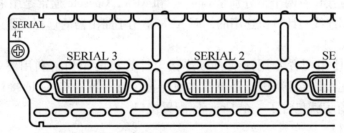

图 2-9　高速同步串口示意图

这种接口主要是用于连接目前应用非常广泛的 DDN、帧中继（Frame Relay）、X.25、PSTN（模拟电话线路）等网络连接模式。在企业网之间有时也通过 DDN 或 X.25 等广域网连接技术进行专线连接。这种同步接口一般要求速率非常高，因为一般来说通过这种接口所连接的网络的两端都要求实时同步。

（4）异步串口

异步串口（ASYNC）主要是应用于 Modem 或 Modem 池的连接（如图 2-10 所示）。它主要用于实现远程计算机通过公用电话网拨入网络。这种异步接口相对于上面介绍的同步接口来说在速率上要求不是太高，因为它并不要求网络的两端保持实时同步，只要求能够连续即可，主要是因为这种接口所连接的通信方式速率较低。

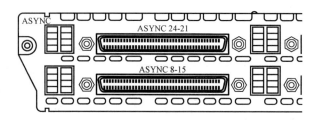

图 2-10 异步串口示意图

（5）ISDN BRI 接口

因 ISDN 这种互联网接入方式连接速度上有它独特的一面，ISDN BRI 接口用于 ISDN 线路，通过路由器实现与 Internet 或其他远程网络的连接，可实现 128Kbps 的通信速率。ISDN 有两种速率连接接口，一种是 ISDN BRI（基本速率接口），另一种是 ISDN PRI（基群速率接口）。ISDN BRI 接口是采用 RJ-45 标准接口，与 ISDN NT1 的连接使用 RJ-45-to-RJ-45 直通线。ISDN BRI 接口如图 2-11 所示。

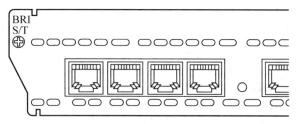

图 2-11 ISDN BRI 接口示意图

3. 路由器配置接口

路由器的配置接口有两个，分别是 Console 和 AUX，Console 通常是用来进行路由器的基本配置时通过专用连线与计算机连用的，而 AUX 是用于路由器的远程配置连接用的。

（1）Console 接口

Console 接口使用配置专用连线直接连接至计算机的串口，利用终端仿真程序（如 Windows 下的"超级终端"）进行路由器本地配置。路由器的 Console 接口多为 RJ-45 接口。如图 2-12 所示就包含了一个 Console 配置接口。

（2）AUX 接口

AUX 接口为异步接口，主要用于远程配置，也可用于拨号连接，还可通过收发器与 MODEM 进行连接。AUX 接口与 Console 接口通常同时出现在设备中，因为它们各自的用途不一样，如图 2-12 所示。

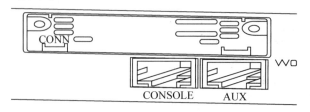

图 2-12 路由器 Console 接口示意图

2.1.4 路由器接口的命名

一个接口的全名至少应包含两个数字、中间用一个正斜杠分隔（/）。其中，第一个数字代表插槽编号，接口处理器卡将安装在这个插槽上；第二个数字代表接口处理器的接口编号，但对于不同类型路由器或不同类型的模块，命名也有所不同。

1. 固定接口

Cisco 系列路由器的固定接口均设计在路由器的后面板中。
其命名格式为：接口类型插槽号/接口号
- 接口类型一般包括 gigabitethernet、Fast Ethernet、Ethernet 或 serial 等。
- 固定接口插槽编号一般为 0。
- 接口号编号从 0 开始，如 0，1，2，3 等。

例：Gigabitethernet 0/0（简写 Gi0/0）
Fast Ethernet 0/1（简写 Fa0/1）
Ethernet 0/0（简写 E0/0）

2. 网络模块接口

在路由器中，使用网络模块可以更好地发挥路由器的作用。
接口命名格式：接口类型 0/插槽/接口，其中 0 表示路由器固定的插槽。
插槽的编号原则通常按从右至左的顺序对插槽进行编号。对接口卡中的接口按从右至左、从下到上的顺序、从 0 开始进行编号，如图 2-13 所示。

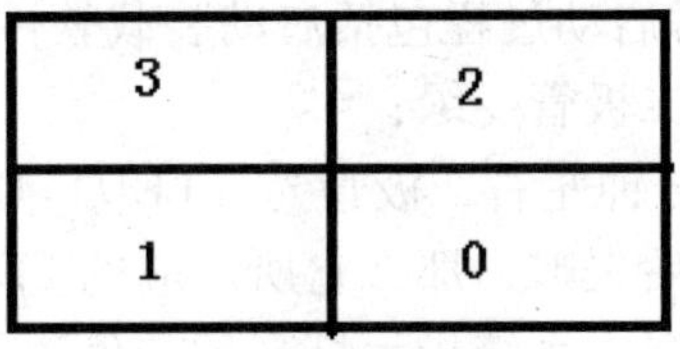

3	2
1	0

图 2-13 模块编号示意图

在 Cisco 1800 系列路由器中，每个单独的接口都由一组数字来进行标识。具体 Cisco 1800 系统路由器包括如下类型接口：两个固定 Fast Ethernet LAN 接口；两个空位插槽，可根据需要安装 WIC、VWIC 和 HWIC 模块。表 2-1 举例说明路由器接口编号方式。

表 2-1 Cisco 1800 系列路由器的接口编号方式

插槽编号	插槽类型	插槽编号范围	举例
固定接口	Fast Ethernet	0/0 和 0/1	Interface fast ethernet 0/0
插槽 0	HWIC/WIC/VWIC2	0/0/0 至 0/0/3	Interface serial 0/0/0 Line async 0/0/0
插槽 1	HWIC/WIC/VWIC2	0/1/0 至 0/1/3	Interface serial 0/0/0 Line async 0/0/0

VWIC 在 Cisco 1800 系列路由器中仅有数据模式一种。在 Cisco 1841 路由器上，异步接口的编号格式是"0/插槽号/接口号"。如果想要配置与异步接口相关的线路，只需使用接口编号指定异步线路即可。

再例如，表 2-2 列出 Cisco 2801 系列路由器的接口编号方式。

表 2-2 Cisco 2801 系列路由器的接口编号方式

插槽编号	插槽类型	接口编号范围
路由器固定接口	Fast Ethernet	0/0 和 0/1
0	VIC/VWIC（仅限语音）	0/0/0 到 0/0/3
1	HWIC/WIC/VIC/VWIC1	0/1/0 到 0/1/3（单宽 HWIC）、0/1/0 到 0/1/8（双宽 HWIC）
2	WIC/VIC/VWIC1	0/2/0 到 0/2/3
3	HWIC/WIC/VIC/VWIC1	0/3/0 到 0/3/3（单宽 HWIC）、0/3/0 到 0/3/8（双宽 HWIC）

2.2 交换机设备

交换机的内部组成与路由器的内部组成类似，这里不再重复，请参考 2.1.1，下面主要介绍交换机启动过程和接口命名。

2.2.1 交换机的启动过程

Cisco Catalyst 交换机的通常启动过程包括启动装载软件的操作，完成以下任务：
- 启动时所有接口的发光二极管变绿；
- 每个接口自检完毕，1 分钟左右二极管光（LED）灯熄灭；
- 如果某个接口自检完毕后失败，那么它所对应的 LED 灯呈现琥珀色；
- 如果有任何自检失败情况，系统指示灯亮琥珀色；
- 如果没有自检失败情况，自检过程完成；
- 随着自检过程的完成，系统指示灯和接口指示灯闪亮后熄灭；
- 完成 IOS 并加载 IOS。

下面详细陈述。

(1) 交换机加电或者 RELOAD 的初始状态表现为每个接口的指示灯以及 SYSTEM、RPS 灯会显示琥珀色（AMBLE），甚至红色；此时 STATS/UTL/FDUP/100 的指示灯也是亮的，但是为正常的绿色。稍后，经过一个时间，所有指示灯仍然为长亮，只是都恢复到正常的绿色，此时系统已经开始 POST 过程。

(2) POST 过程：在这个阶段可以观察到的现象是 SYSTEM 的指示灯处于频繁的闪烁状态（绿色），RPS/STATS/UTL 等指示灯都已经熄灭。接口的指示灯按照 F0/1 - F0/24 的先后顺序，伴随着每个接口自检的成功而逐个熄灭。如果此时有接口硬件损坏而自检不成功，接口的指示灯不会熄灭，而会表现为琥珀色（AMBLE）；一旦 POST 不成功，SYSTEM 指示灯也会显示为琥珀色。

第 2 章 思科系列设备介绍

此阶段其实是所有的硬件都在进行并行自检，包括 CPU/RAM 等，只是起始时间上稍有先后而已。由于指示灯的数量和类型的限制，只能观察到接口上的变化。而此阶段的一个重要的自检过程被标记输出了。经过自检成功之后，系统判定 FLASH 中的 IOS 完好，启动扇区完好并且可以正常的设定相关参数，于是开始将 FLASH 中的 IOS 解压缩并且同时安装到 RAM 中去。显示如下：

```
C2900XL Boot Loader(C2900-HBOOT-M)Version 12.0(5.3)WC(1),MAINTENANCE INTERIM SOFTWARE
CompiledMon 30-Apr-01 07:34 by devgoyal
starting...
Base ethernet MAC Address:00:07:50:f3:10:80
Xmodem file system is available.
Initializing Flash...
flashfs[0]:166 files,2 directories
flashfs[0]:0 orphaned files,0 orphaned directories
flashfs[0]:Total bytes:3612672
flashfs[0]:Bytes used:3147776
flashfs[0]:Bytes available:464896
flashfs[0]:flashfs fsck took 8 seconds.
...done Initializing Flash.
Boot Sector Filesystem(bs:)installed,fsid:3
Parameter Block Filesystem(pb:)installed,fsid:4
Loading "flash:c2900XL-c3h2s-mz.120-5.4.WC.1.bin"...###########################################################################################################
```

（3）此阶段正好是 FLASH 中的 IOS 成功安装到 RAM 中的一瞬间，系统的行政权将从 ROM 移交到 RAM，由 RAM 中的 IOS 来调用进程，管理整个系统。在这个空档期，由于还没有确定由谁来控制，因此是无法完成任何操作的。对照观察到的现象：SYSTEM 灯停止闪烁，处于长亮状态（绿色），接口的指示灯也没有任何变化，代表此时自检处于暂停状态。（以下是此阶段的显示输出。）

```
File "flash:c2900XL-c3h2s-mz.120-5.4.WC.1.bin" uncompressed and installed, entry point:0x3000
executing...
```

（4）此阶段的显示输出：

```
Restricted Rights Legend
Use,duplication,or disclosure by the Government is
subject to restrictions as set forth in subparagraph
(c)of the Commercial Computer Software-Restricted
Rights clause at FAR sec.52.227-19 and subparagraph
(c)(1)(ii)of the Rights in Technical Data and Computer
Software clause at DFARS sec.252.227-7013.
         cisco Systems,Inc.
         170 West Tasman Drive
         San Jose,California 95134-1706
Cisco Internetwork Operating System Software
```

```
   IOS(tm)C2900XL Software(C2900XL-C3H2S-M),Version 12.0(5.4)WC(1),MAINTENANCE
INTERIM SOFTWARE
   Copyright(c)1986-2001 by cisco Systems,Inc.
   CompiledTue 10-Jul-01 11:52 by devgoyal
   Image text-base:0x00003000,data-base:0x00333CD8
   00:06:55:% LINEPROTO-5-UPDOWN: Line protocol on Interface Ethernet0/0,
changed state to up
   Initializing C2900XL flash...
   flashfs[1]:166 files,2 directories
   flashfs[1]:0 orphaned files,0 orphaned directories
   flashfs[1]:Total bytes:3612672
   flashfs[1]:Bytes used:3147776
   flashfs[1]:Bytes available:464896
   flashfs[1]:flashfs fsck took 8 seconds.
   flashfs[1]:Initialization complete.
   ...done Initializing C2900XL flash.
   C2900XL POST:System Board Test:Passed
   C2900XL POST:Daughter Card Test:Passed
   C2900XL POST:CPU Buffer Test:Passed
   C2900XL POST:CPU Notify RAM Test:Passed
   C2900XL POST:CPU Interface Test:Passed
   C2900XL POST:Testing Switch Core:Passed
   C2900XL POST:Testing Buffer Table:Passed
   C2900XL POST:Data Buffer Test:Passed
   C2900XL POST:Configuring Switch Parameters:Passed
   C2900XL POST:Ethernet Controller Test:Passed
   C2900XL POST:MII Test:Passed
```

　　此阶段行政权已经移交完毕，自检恢复，SYSTEM 灯重新闪烁（BLINK）。主板/子卡/CPU 等自检通过，弹出 System Board Test：Passed/Daughter Card Test：Passed/CPU Buffer Test 等字样；之后 BUFFER/SWITCH 等主要模块（包括双工/100M 等）也自检通过，表现的现象为：STATS/UTL/FDUP/100 指示灯重新齐亮（预示着 P.O.S.T 行将结束）；最后 Configuring Switch Parameters：Passed/Ethernet Controller Test：Passed/MII Test：Passed，交换参数的配置，以太控制器以及 MII 的物理子层的自检通过后，余下的接口指示灯与 STATS/UTL/FDUP/100 指示灯一齐熄灭。

　　（5）此阶段的显示输出：

```
   cisco WS-C2912-XL(PowerPC403GA)processor(revision 0x11)with 8192K/1024K
bytes of memory.
   Processor board ID FAB0538P2WK,with hardware revision 0x01
   Last reset from warm-reset
   Processor is running Enterprise Edition Software
   Cluster command switch capable
   Cluster member switch capable
   12 FastEthernet/IEEE 802.3 interface(s)
   32K bytes of flash-simulated non-volatile configuration memory.
```

```
Base ethernet MAC Address:00:07:50:F3:10:80
Motherboard assembly number:73-3397-08
Power supply part number:34-0834-01
Motherboard serial number:FAB0537C14U
Power supply serial number:DAB05060YEY
Model revision number:A0
Motherboard revision number:C0
Model number:WS-C2912-XL-EN
System serial number:FAB0538P2WK
Press RETURN to get started!
```

SYSTEM 灯恢复到长亮（绿色）状态，系统显示硬件版本信息，提示登录用户模式，启动加载顺利完成。

2.2.2 交换机的 LED 指示灯

交换机的前面板有几个指示灯，用于监控系统的活动和性能，这些指示灯称为发光二极管（LED）（如图 2-14 所示），前面板指示灯包括：

- 系统指示灯（system LED）；
- 远程电源供应（RPS）指示灯；
- 接口模式指示灯（Port Mode LEDs）；
- 接口状态指示灯（Port States LEDs）。

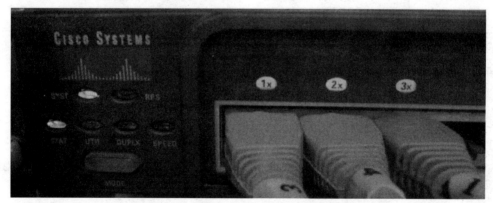

图 2-14　Catalyst 3560 交换机前面板指示灯示意图

各种灯状态说明见表 2-3，表 2-4，表 2-5 和表 2-6。

表 2-3　系统指示灯的状态

指示灯颜色	系统状态
关闭	系统未加电
绿色	系统运行正常
琥珀色	系统加电但运行不正常

表 2-4 远程电源供应指示灯的状态

指示灯颜色	RPS 状态
关闭	RPS 关闭或未安装
持续绿色	RPS 已经连接并可用
闪烁绿色	RPS 正在支持堆叠中的另一台交换机
持续琥珀色	RPS 已经连接但工作不正常
闪烁琥珀色	交换机内部电源出现故障，正使用 RPS

交换机前面板 MODE 按钮有以下 3 种状态。
- STAT（状态，即 States）。
- UTL（利用率，即 Utilixation）。
- FDUP（全双工，即 Full Duplex）。

表 2-5 接口模式指示灯状态

模式 LED	接口模式	描述
STAT	接口状态	显示接口状态，这是默认模式
UTIL	交换机利用率	显示目前该接口被交换机使用的带宽
DUPLX	接口双工模式	可以是半双式或全双工
SPEED	接口速度	接口运行速度

表 2-6 不同接口模式下接口模式指示灯的状态

模式 LED	颜色	描述
STAT	关闭 持续绿色 闪烁绿色 绿色/琥珀色交替 持续琥珀色	无链路 链路正常运行 发送或接收数据 链路处于转发状态 接口目前未转发
UTIL	绿色 琥珀色	当前的背板利用率 最大的背板利用率
DUPLX	关闭 绿色	半双工 全双工
SPEED	关闭 绿色	接口运行在 10 Mbit/s 接口运行在 100 Mbit/s

2.2.3 交换机接口的命名

不同的交换机接口命名有所区别，交换机的接口大概按下面规则命名。

交换机接口命名格式：接口类型 X/Y/Z
- 接口类型包括 gigabitethernet、Fast Ethernet 和 Ethernet。
- X：是交换机堆叠后的码数，从 0 开始编号。
- Y：是交换机模块编号，从 0 开始编号。如果交换机上都是固化接口，没有模式，则编号中没有此项。
- Z：是接口号，交换机的接口号从 1 开始编号。

举例：有 4 台交换机堆叠，其中第二台交换机的第一个模块的第一个接口为 Fast Ethernet 接口，其编号为 Fa 1/0/1。

2.3 防火墙设备

2.3.1 防火墙定义

所谓防火墙指的是一个由软件和硬件设备组合而成、在内部网和外部网之间、专用网与公共网之间的界面上构造的保护屏障，是一种获取安全性方法的形象说法。它是一种计算机硬件和软件的结合，使 Internet 与 Intranet 之间建立起一个安全网关（Security Gateway），从而保护内部网免受非法用户的侵入。防火墙主要由服务访问规则、验证工具、包过滤和应用网关 4 个部分组成，防火墙就是一个位于计算机和它所连接的网络之间的软件或硬件，该计算机流入流出的所有网络通信均要经过防火墙。图 2-15 和图 2-16 为 Cisco ASA 5510 防火墙前后面板示意图。

图 2-15 Cisco ASA 5510 前面板图

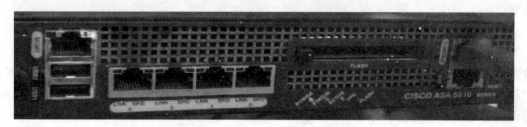

图 2-16 Cisco ASA 5510 后面板图

2.3.2 防火墙分类

防火墙的分类可以采取多种形式。

1. 从防火墙的软、硬件形式来分类

如果从防火墙的软、硬件形式来分的话,防火墙可以分为软件防火墙,硬件防火墙,以及芯片级防火墙。

(1) 软件防火墙

软件防火墙运行于特定的计算机上,它需要客户预先安装好的计算机操作系统的支持,一般来说,这台计算机就是整个网络的网关,俗称"个人防火墙"。软件防火墙就像其他的软件产品一样需要先在计算机上安装并做好配置才可以使用。使用这类防火墙,需要网管对其所工作的操作系统平台比较熟悉。

(2) 硬件防火墙

这里说的硬件防火墙是指"所谓的硬件防火墙",之所以加上"所谓"二字是针对芯片级防火墙来说的,它们最大的差别在于是否基于专用的硬件平台。目前市场上大多数防火墙都是这种所谓的硬件防火墙,它们都基于 PC 架构,就是说,它们和普通的家庭用的 PC 没有太大区别。在这些 PC 架构计算机上运行一些经过裁剪和简化的操作系统,最常用的有老版本的 Unix、Linux 和 FreeBSD 系统。值得注意的是,由于此类防火墙采用的依然是别人的内核,因此依然会受到 OS(操作系统)本身的安全性影响。

传统硬件防火墙一般至少应具备 3 个接口,分别接内网、外网和 DMZ 区(非军事化区),现在一些新的硬件防火墙往往扩展了接口,常见四接口防火墙一般将第四个接口做为配置口或管理接口。很多防火墙还可以进一步扩展接口数目。

(3) 芯片级防火墙

芯片级防火墙基于专门的硬件平台,没有操作系统。专用的 ASIC 芯片使它们比其他种类的防火墙速度更快,处理能力更强,性能更高。做这类防火墙最出名的厂商有 NetScreen、FortiNet、Cisco 等。这类防火墙由于是专用 OS(操作系统),因此防火墙本身的漏洞比较少,不过价格相对比较高昂。

2. 根据防火墙所采用的技术不同来分类

根据防火墙所采用的技术不同,可以将它分为 3 种基本类型:包过滤型、代理型和监测型。

(1) 包过滤型

包过滤型产品是防火墙的初级产品,其技术依据是网络中的分包传输技术。网络上的数据都是以"包"为单位进行传输的,数据被分割成为一定大小的数据包,每一个数据包中都会包含一些特定信息,如数据的源地址、目标地址、TCP/UDP 源端口和目标端口等。防火墙通过读取数据包中的地址信息来判断这些"包"是否来自可信任的安全站点,一旦发现来自危险站点的数据包,防火墙便会将这些数据拒之门外。系统管理员也可以根据实际情况灵活制订判断规则。

包过滤技术的优点是简单实用,实现成本较低,在应用环境比较简单的情况下,能够以较小的代价在一定程度上保证系统的安全。

但包过滤技术的缺陷也是明显的。包过滤技术是一种完全基于网络层的安全技术,只能根据数据包的来源、目标和端口等网络信息进行判断,无法识别基于应用层的恶意侵入,如恶意的 Java 小程序以及电子邮件中附带的病毒。有经验的黑客很容易伪造 IP 地址,骗过包过滤型防火墙。

(2) 代理型

代理型防火墙也可以被称为代理服务器,它的安全性要高于包过滤型产品,并已经开始向应用层发展。代理服务器位于客户机与服务器之间,完全阻挡了二者间的数据交流。从客户机来看,代理服务器相当于一台真正的服务器;而从服务器来看,代理服务器又是一台真正的客户机。当客户机需要使用服务器上的数据时,首先将数据请求发给代理服务器,代理服务器再根据这一请求向服务器索取数据,然后再由代理服务器将数据传输给客户机。由于外部系统与内部服务器之间没有直接的数据通道,外部的恶意侵害也就很难伤害到企业内部网络系统。

代理型防火墙的优点是安全性较高,可以针对应用层进行侦测和扫描,对付基于应用层的侵入和病毒都十分有效。其缺点是对系统的整体性能有较大的影响,而且代理服务器必须针对客户机可能产生的所有应用类型逐一进行设置,大大增加了系统管理的复杂性。

(3) 监测型

监测型防火墙是新一代的产品,这一技术实际已经超越了最初的防火墙定义。监测型防火墙能够对各层的数据进行主动的、实时的监测,在对这些数据加以分析的基础上,监测型防火墙能够有效地判断出各层中的非法侵入。同时,这种监测型防火墙产品一般还带有分布式探测器,这些探测器安置在各种应用服务器和其他网络的节点之中,不仅能够检测来自网络外部的攻击,同时对来自内部的恶意破坏也有极强的防范作用。据权威机构统计,在针对网络系统的攻击中,有相当比例的攻击来自网络内部。因此,监测型防火墙不仅超越了传统防火墙的定义,而且在安全性上也超越了前两代产品。

第 3 章 路由器基本配置

3.1 路由器 IOS 简介

路由器是一台专门用来连接网络的计算机,与其他计算机一样,路由器也有专门的操作系统。Cisco 路由器采用的操作系统软件称为 Cisco Internetwork Operating System (IOS),Cisco IOS 会管理路由器的硬件和软件资源,包括存储器分配、进程、安全性和文件系统。它具有执行路由、交换、网络连接及远程通信的功能。

路由器主要负责连接各个网络,它的功能如下。
- 确定发送数据包的最佳路径。
- 将数据包转发到目的地。

路由器主要依据第 3 层信息,即目的 IP 地址来做出转发决定。

3.1.1 连接到路由器

人们可以通过不同的方式连接到路由器,然后对路由器进行配置、验证配置和修改配置。

连接到路由器的首选方式是通过 Console 接口连接。控制台接口是一个 RJ-45 的连接器,可以用全反线与电脑相连。

Console 接口一般是近距离使用,如果想在远端也像 Console 接口那样控制路由器,就要使用辅助接口连接到路由器,它允许远程拨号到路由器上。

控制接口和辅助接口数量有限,如果想多人控制一台路由器,可以尝试 Telnet。Telnet 是一个仿真终端程序,可以使用 Telnet 连接到任何一个活动接口上。

3.1.2 命令行界面

与其他操作系统一样,Cisco IOS 也有自己的用户界面。尽管有些路由器提供图形用户界面 (GUI),但命令行界面 (CLI) 是配置 Cisco 路由器的最常用方法,也是非常有效的方式。

根据平台和 IOS 的不同,路由器可能会在显示提示符前询问以下问题:

```
Would you like to terminate autoinstall? [yes]:<Enter>
Press the Enter key to accept the default answer.
Router>
```

一旦显示提示符,路由器便开始以当前的运行配置文件运行 IOS。这时是在用户模式下。用户模式下可以查看路由器状态,但不能修改其配置。

注意: 在任意提示符下键入 "?",都会得到一个在当前提示符下可用命令列表。这可以帮助用户配置路由器。

下面是一些常见的出错信息：
% Unknown command or computer name, or unable to find computer address
//以上表明输入了错误的命令
% Incomplete command.
//路由器提示命令输入不完整
% Invalid input detected at ^ marker.
//路由器提示输入了无效的参数，并用"^"指示错误的所在。

3.1.3 路由器的模式

路由器的模式大致可分为以下几类。
（1）用户模式：权限最低，通常只能使用少量查看性质的命令。
（2）特权模式：可以使用更多查看性质的命令和一些少量修改路由器参数的命令。
（3）全局配置模式：不能使用查看性质的命令，可以做全局性修改和设置，它还可以向下分为一些子模式，如接口配置模式、线路配置模式、路由进程配置模式等。

3.1.4 路由器基本命令

1. 从路由器用户模式进入特权模式

```
ROUTER>enable
```

2. 从特权模式进入全局配置模式

```
ROUTER#configure terminal
```

3. 为路由器设置主机名

```
ROUTER(config)#hostname {hostname}
```

4. 退出到特权模式

```
ROUTER(config)#end
```

5. 退出到用户模式

```
ROUTER#disable
```

6. 退出控制台线路

```
ROUTER>quit
```

7. 配置一个口令

```
Router(config)# enable {password|secret} {password}
```

两种密码的区别在于：password 是基于明文的；secret 是最常用的认证方式，是基于 MD5 加密的。如果同时设置了这两种认证方式，它们的口令必须不一样。本书推荐使用后者进行认证，并且如果同时设置了两种认证方式，只有后者生效，密码区分大小写。

8. 查看路由器当前运行配置

```
ROUTER #show running-config
```

9. 设置线路口令

设置口令可以保护路由器不被未授权的用户侵入。
设置口令语法格式如下：

```
Router(config)#line {console|vty|aux} {start-number} [end-number]
Router(config-line)#password {password}
Router(config-line)#login
Router(config-line)#exit
```

参数说明如下：
Console：控制接口。
Vty：Telnet 接口。
Aux：辅助接口。
Password：设置的密码。
Login：启用口令检查，login 命令用于对命令行启用口令检查。如果不在控制台命令行中输入 login 命令，那么用户无需输入口令即可获得命令行访问权。

这些口令都是明文显示的，为了安全，需要手工加密，如下所示：

```
R1(config)#service password-encryption
```

注意：一般路由器的命令输入即时起效，可以用 show run 查看密码是不是被加密了。

配置实例：

```
Router#configterminal
Router(config)#hostname R1
R1(config)#enable secret class
R1(config)#line console 0
R1(config-line)#password cisco
R1(config-line)#login
R1(config-line)#exit
R1(config)#line vty 0 4
R1(config-line)#password cisco
R1(config-line)#login
R1(config-line)#exit
```

第3章 路由器基本配置

10. 关闭 DNS 查询

默认情况下,路由器的 DNS 查询是启用的,即当用户错误地输入一条 Cisco IOS 软件无法识别的命令的时候,路由器会把这个命令当成主机名,然后向 DNS 服务器进行查询。一般实验性的环境中,如果没有关闭 DNS 服务器,输入错误的命令会造成无用的查询,是非常耗时的,因此可以关闭这一功能。

语法格式为:

```
ROUTER(config)#no ip domain-lookup
```

配置实例:

```
ROUTER#NUROUTER11
Translating "NUROUTER11"...domain server(255.255.255.255)
Translating "NUROUTER11"...domain server(255.255.255.255)
Translating "NUROUTER11"...domain server(255.255.255.255)
% Unknown command or computer name,or unable to find computer address
ROUTER #configure terminal
Enter configuration commands,one per line. End with CNTL/Z.
ROUTER(config)#no ip domain-lookup
ROUTER(config)#end
ROUTER #
```

11. 为路由器设置时间

路由器本地的时间标识。

语法格式为:

```
ROUTER #clock set {hh:mm:ss day month year}
```

配置实例:

```
ROUTER #clock set 16:16:16 25 September 2005
ROUTER #show clock
16:16:24.503 UTCSun Sep 25 2005
ROUTER #
```

12. 设置标语信息

在设置标语信息的时候,以#号做为分隔符,并按下回车键。描述语句是本地的一个标识,它只在本地可见,并且 Cisco IOS 执行命令的时候会跳过它。

语法格式为:

```
Router(config)#banner motd # {text} #
```

13. 设置接口描述信息

语法格式为:

```
Router(config-if)#description {text}
```

14. 路由器密码恢复

当路由器重新启动时,要求输入密码,假设密码遗忘,用下面步骤操作,使配置文件不起作用。

路由器密码恢复步骤如下。

（1）路由器加电。

（2）在路由器加电的 30 秒内，按 Ctrl + Break，终端显示：

```
rommon 1 >
```

（3）然后输入 confreg 0x2142。

```
即 rommon 1 > confreg 0x2142        //把路由器值改成 0x2142，路由器启动时，
                                    //配置文件不起作用。
```

（4）rommon 2 > reset。

15. CDP

Cisco 发现协议（CDP，全称为 Cisco Discovery Protocol）是功能强大的网络监控与故障排除工具，可以使用 CDP 收集网络拓扑信息。默认情况下，每台 Cisco 设备会定期向直连的 Cisco 设备发送消息，这种消息称为 CDP 通告。这些通告包含特定的信息，如连接设备的类型、设备所连接的路由器接口、用于进行连接的接口以及设备型号等。

- 设备标识符：例如为交换机配置的主机名。
- 地址列表：每种支持的协议最多对应一个网络层地址。
- 接口标识符：本地和远程接口的名称 – ASCII 字符格式的字符串，例如 ethernet0。
- 功能列表：例如，该设备是路由器还是交换机。
- 平台：设备的硬件平台，例如 Cisco 7200 系列路由器。

查看 CDP 协议收集到的信息可通过 show cdp neighbors 命令。

命令语法如下：

```
show cdp neighbors
show cdp neighbors detail
```

show cdp neighbors detail 命令会显示邻居设备的 IP 地址。无论是否能 ping 通邻居，CDP 都会显示邻居的 IP 地址。当两台 Cisco 路由器无法通过共享的数据链路进行路由时，此命令非常有用。

3.2 实验 1：通过 Console 口访问路由器

1. 实验目的

通过本实验掌握路由的 Console 登录方式。

2. 虚拟场景

假设某公司有一台路由器，要求通过 Consde 口登录路由器。

3. 实验拓扑

如图 3-1 所示。

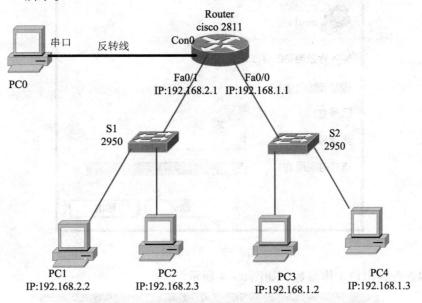

图 3-1　实验 1 拓扑图

4. 实验步骤

步骤 1：准备一根全反线，连接电脑的串口和路由器的 Console 口。

步骤 2：创建超级终端会话。

在 PC0 的 Windows 中的【开始】→【程序】→【附件】→【通讯】下的"超级终端"程序，出现如图 3-2 所示的窗口，在"名称"文本框中输入名称，按【确定】按钮。

图 3-2　超级终端窗口

步骤3：选择通信串口，如图3-3所示。

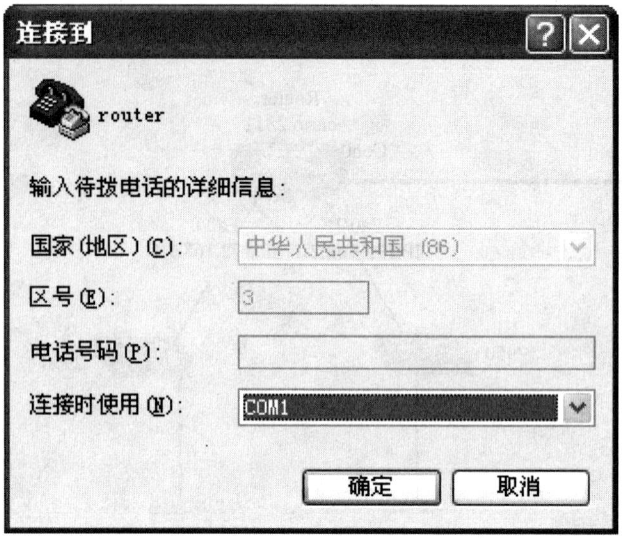

图3-3 选择串口

步骤4：配置串口工作参数，如图3-4所示。

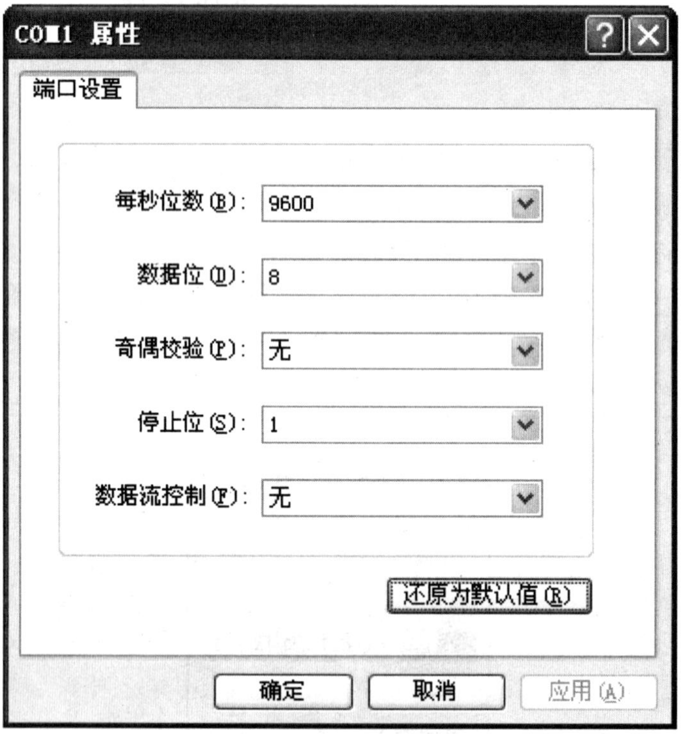

图3-4 设置通讯参数

完成上述配置之后，如果路由器已经启动，按"回车"键即可建立与路由器的通信。

5. 实验调试及注意事项

初学者看到 Continue with configuration dialog? [yes/no]: 时，选择 n。

注意事项：(1) 设置完通讯参数单击"确定"按钮后，按"回车"键才会出现登录信息。

(2) 用 Console 口连接路由器无需配置 IP 信息。

6. 实验思考问题

登录后出现的信息所表示的含义。

3.3 实验2：通过 Telnet 访问路由器

1. 实验目的

通过本实验掌握路由器的 Telnet 登录方式。

2. 虚拟场景

假设某公司的路由器出现问题了，技术员甲在机房路由器上使用 PC0，但此技术员不能解决路由器故障，要求在 PC3 上的工程师乙远程协助解决故障。

3. 实验拓扑

如图 3-1 所示。

4. 实验步骤

步骤1：技术员甲在 PC0 通过超级终端对路由器 Router 配置如下（参照实验1）。

```
Router>enabled
Router#configure terminal
Router(config)#enable secret class
Router(config)#interface Fa0/0
Router(config-if)#ip address 192.168.1.1 255.255.255.0
Router(config-if)#no shutdown
Router(config-if)#exit
Router(config)#line vty 0 4
Router(config-line)#password cisco
Router(config-line)#login
Router(config-line)#end
```

步骤2：工程师乙在 PC3 上做连通性测试。

在 PC3 的 Windows 中的【开始】→【运行】中写入如下命令。

```
PC3>ping 192.168.1.1
Pinging 192.168.1.1 with 32 bytes of data:
Reply from 192.168.1.1:bytes=32 time=125ms TTL=255
Reply from 192.168.1.1:bytes=32 time=63ms TTL=255
```

```
Reply from 192.168.1.1:bytes=32 time=63ms TTL=255
Reply from 192.168.1.1:bytes=32 time=62ms TTL=255
Ping statistics for 192.168.1.1:
    Packets:Sent=4,Received=4,Lost=0(0% loss),
Approximate round trip times in milli-seconds:
    Minimum=62ms,Maximum=125ms,Average=78ms
```

则表示 PC3 可以与路由器连通。

步骤3：在 PC3 上的 Windows 下在命令窗口中输入"telnet 192.168.1.1 接口号"或者 telnet 设备以太网接口地址。

步骤4：输入用户名和密码。

步骤5：qiut 或 Ctrl+Z，退出 telnet。

5. 实验调试及注意事项

```
PC3 > telnet 192.168.1.1
Trying 192.168.1.1...Open
User Access Verification
Password:
Router > enabled
Password:
Router#
```

注意事项：（1）在 telnet 到远端路由器的时候，如果对方的 VTY 线路没有设置密码和启用登录，将拒绝本地 telnet。

（2）必须设置 enabled 密码，否则显示无法认证，只能停在用户模式。

6. 实验思考问题

上面的两个密码分别是什么密码？能不能把两个密码设为一样的？

3.4 实验3：CLI 的使用及 IOS 基本命令

1. 实验目的

通过本实验掌握 CLI 的使用及熟悉 IOS 基本命令。

2. 虚拟场景

假设某公司有一台新买的路由器，对其进行初始配置。

3. 实验拓扑

如图 3-1 所示。

4. 实验步骤

步骤1：用 Console 口连接电脑，如实验1。

步骤2：按照下面命令对其进行配置。

```
Router>enable           //进入特权模式
Router#config t         //进入全局配置模式
Router(config)#hostname R1    //为路由器命名
R1(config)#enable secret class    //配置一个口令
R1(config)#line console 0      //将控制台和Telnet的口令配置为cisco
R1(config-line)#password cisco
R1(config-line)#login
R1(config-line)#exit
R1(config)#line vty 0 4
R1(config-line)#password cisco
R1(config-line)#login
R1(config-line)#exit
R1(config)#banner motd #       //配置消息(motd)标语
Enter TEXT message. End with the character '#'.
*******************************************
WARNING!! Unauthorized Access Prohibited!!
*******************************************
#
R1#show running-config    //检验基本路由器配置
```

5. 实验调试及注意事项

```
R1#show running-config
Building configuration...
Current configuration:737 bytes
!
version 12.2
no service timestamps log datetime msec
no service timestamps debug datetime msec
no service password-encryption
!
hostname R1
!
!
!
enable secret 5 $1$mERr$9cTjUIEqNGurQiFU.ZeCi1
!
……
```

注意事项：(1) Cisco 路由器的命令是可以简写的。

(2) 要先禁用 DNS 查询，可以节约时间。

(3) "?"可以查看当前可用命令，Tab 键可以补齐命令。

6. 实验思考问题

(1) 进入特权模式后，提示符是什么？

(2) 从全局配置模式返回特权模式的命令是什么？
(3) 怎么把控制台和 Telnet 的口令也加密？

3.5 实验4：一台路由器连通两个不同网络

1. 实验目的

通过本实验掌握直连路由的配置、路由表的查看。

2. 虚拟场景

假设某公司有两个部门：财务部和销售部，他们的电脑分别连在两台交换机上，对路由器进行设置使他们能相互通信。

3. 实验拓扑

如图 3-1 所示。

4. 实验步骤

在路由器上配置 IP 地址，保证直连链路的连通。
在路由器上进行设置如下：

```
Router > enabled
Router# config terminal
Router(config)#hostname R1
R1(config)#interface FastEthernet0/1
R1(config-if)#ip address 192.168.2.1 255.255.255.0
R1(config-if)#description caiwubuLAN
R1(config-if)#no shutdown
R1(config-if)#interface FastEthernet0/0
R1(config-if)#ip address 192.168.1.1 255.255.255.0
R1(config-if)#descriptionxiaoshoubuLAN
R1(config-if)#no shutdown
R1(config)# copy running-config startup-config
```

5. 实验调试及注意事项

查看路由器的路由表：

```
R1#show ip route
Codes:C-connected,S-static,I-IGRP,R-RIP,M-mobile,B-BGP
      D-EIGRP,EX-EIGRP external,O-OSPF,IA-OSPF inter area
      N1-OSPF NSSA external type 1,N2-OSPF NSSA external type 2E1-OSPF external type 1,E2-OSPF external type 2,E-EGP
      i-IS-IS,L1-IS-IS level-1,L2-IS-IS level-2,ia-IS-IS inter area
      * -candidate default,U-per-user static route,o-ODR
      P-periodic downloaded static route
```

```
Gateway of last resort is not set
C    192.168.1.0/24 is directly connected,FastEthernet0/0
C    192.168.2.0/24 is directly connected,FastEthernet1/0
R1#
```

在 PC1 上键入命令:

```
PC>ping 192.168.1.2
Pinging 192.168.1.2 with 32 bytes of data:
Request timed out.
Reply from 192.168.1.2:bytes=32 time=110ms TTL=127
Reply from 192.168.1.2:bytes=32 time=125ms TTL=127
Reply from 192.168.1.2:bytes=32 time=125ms TTL=127
Ping statistics for 192.168.1.2:
    Packets:Sent=4,Received=3,Lost=1(25% loss),
Approximate round trip times in milli-seconds:
    Minimum=110ms,Maximum=125ms,Average=120ms
PC>
```

注意事项:（1）每台计算机网关都是本区域路由器以太网接口 IP 地址。
（2）必须保证每条直连链路连通，可以用 ping 命令进行测试。
（3）"C"表示是直连的路由。

6. 实验思考问题

（1）按图 3-1 所示，如果 PC1 能 ping 通 PC3，是否就可以证明两个部门就可以互通？
（2）如果没有路由器，两个交换机直接互连，那么两个部门能否相互通信？
（3）如果 PC 没有配置网关，会怎么样？

3.6　实验5：CDP

1. 实验目的

通过本实验掌握 CDP 的用途。

2. 虚拟场景

假设一个部门的网络拓扑图丢失，也没有备份，用 CDP 命令还原网络拓扑图。

3. 实验拓扑

如图 3-1 所示。

4. 实验步骤

在各个设备上使用 show cdp neighbors。

```
R1#show cdp neighbors
Capability Codes:R－Router,T－Trans Bridge,B－Source Route Bridge
              S－Switch,H－Host,I－IGMP,r－Repeater,P－Phone
Device ID      Local Intrfce    Holdtme      Capability    Platform    Port ID
S1             Fas 0/1          151          S             2950        Fas 0/3
S2             Fas 0/0          135          S             2950        Fas 0/3
R1#
```

这表示 R1 连接了两台 2950 交换机，名字分别是 S1，S2。

```
S1#show cdp neighbors
Capability Codes:R－Router,T－Trans Bridge,B－Source Route Bridge
              S－Switch,H－Host,I－IGMP,r－Repeater,P－Phone
Device ID      Local Intrfce    Holdtme      Capability    Platform    Port ID
R1             Fas 0/3          152          R             C2800       Fas 0/1
S2#show cdp neighbors
Capability Codes:R－Router,T－Trans Bridge,B－Source Route Bridge
              S－Switch,H－Host,I－IGMP,r－Repeater,P－Phone
Device ID      Local Intrfce    Holdtme      Capability    Platform    Port ID
R1             Fas 0/3          131          R             C2800       Fas 0/0
S2#
```

这样就清楚这些设备是怎么相连的了。还可以用 show cdp neighbors detail 查看详细的邻居信息。

```
S1#show cdp neighbors detail
Device ID:R1
Entry address(es):
   IP address:192.168.2.1
Platform:cisco C2800,Capabilities:Router
Interface:FastEthernet0/3,Port ID(outgoing port):FastEthernet0/1
Holdtime:133
Version:
Cisco IOS Software,2800 Software(C2800NM－ADVIPSERVICESK9－M),Version 12.4
(15)T1,RELEASE SOFTWARE(fc2)
Technical Support:http://www.cisco.com/techsupport
Copyright(c)1986－2007 by Cisco Systems,Inc.
CompiledWed 18－Jul－07 06:21 by pt_rel_team
advertisement version:2
Duplex:full
```

5. 实验注意事项

（1）每台设备是否启用了 CDP 协议。

（2）CDP 是 Cisco 专有的，只能用在 Cisco 设备上。

6. 实验思考问题

（1）show cdp neighbors detail 比 show cdp neighbors 多了哪些内容？

(2) 使用 CDP 协议有一定的危险，怎么禁用 CDP？
(3) 怎么启用 CDP？

3.7 实验 6：IOS 的备份

1. 实验目的

熟悉 TFTP 服务器的使用；掌握备份路由器的 IOS。

2. 虚拟场景

公司刚刚新购进路由器一台，为了使路由器的 IOS 被破坏后能及时恢复，把 IOS 文件备份存档。

3. 实验拓扑

如图 3-5 所示。

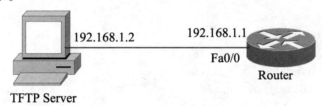

图 3-5　IOS 备份拓扑图

4. 实验步骤

步骤 1：按图 3-5 所示连接好设备。
步骤 2：配置 TFTP 服务器的 IP 地址为：192.168.1.2/24，并安装 TFTP Server 软件（如 cisco TFTP server），如图 3-6 所示。

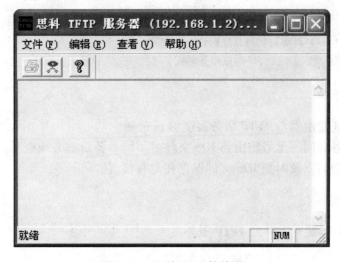

图 3-6　思科 TFTP 软件图

步骤3：在路由器上配置IP地址。

```
Router > enabled
Router# config termernal
Router(config)#interface fa0/0
Router(config-if)# ip address 192.168.1.1 255.255.255.0
Router(config-if)#no shutdown
Router(config-if)#exit
 //配置路由器接口F0/0 IP地址，并开启。
Router#ping 192.168.1.2
Type escape sequence to abort.
Sending 5,100-byte ICMP Echos to 192.168.1.2,timeout is 2 seconds:
!!!!!
Success rate is 100 percent(5/5),round-trip min/avg/max=31/31/32 ms
        //以上验证路由器Router与TFTP服务器通信正常。
```

步骤4：查看路由器IOS文件名和大小。

```
Router#show flash:
System flash directory:
File   Length    Name/status
  350938004 c2800nm-advipservicesk9-mz.124-15.T1.bin
 2   28282     sigdef-category.xml
 1   227537    sigdef-default.xml
[51193823 bytes used,12822561 available,64016384 total]
63488K bytes of processor board System flash(Read/Write)
        //查看flash中IOS文件名，即c2800nm-advipservicesk9-mz.124-15.T1.bin。
```

步骤5：备份路由器IOS到TFTP服务器。

```
Router#copy flash:tftp:
Source filename []? c2800nm-advipservicesk9-mz.124-15.T1.bin
Address or name of remote host []? 192.168.1.2
Destination filename [c2800nm-advipservicesk9-mz.124-15.T1.bin]?
!!!!!!!!!!!!!!!!!!!!!!!!!!!!!!!!!!!!!!!!!!!!!!!!!!!!!!!!!!!!!!!!!!!!
!!!!!!!!!!!!!!!!!!!!!!!!!!!!!!!!!!! (略)。
        //备份成功后，把IOS文件保存在服务器安装TFTP文件目录下。
```

5. 实验注意事项

（1）必须保证路由器与TFTP服务器能够ping通。

（2）不同型号或同一型号路由器IOS文件名不同，备份前必须查看。

（3）备份成功后，及时把IOS文件保存在专有位置。

6. 实验思考问题

如何备份路由器配置文件到TFTP服务器？

3.8 实验7：路由器密码恢复与 IOS 的恢复

1. 实验目的

熟悉路由器密码恢复方法；掌握恢复路由器 IOS 的方法。

2. 虚拟场景

公司的一台路由器由于时间过久忘记密码或管理员更换时没有移交路由器密码，需要密码恢复；或由于误删除了 IOS 或 IOS 文件被破坏，需要恢复 IOS。

3. 实验拓扑

如图 3-5 所示。

4. 实验步骤

步骤1：按图 3-5 所示连接好实验拓扑，把 PC 的 IP 地址设置为 192.168.1.2/24。

步骤2：关闭路由器电源开关并重新开机，当控制台出现启动过程中，按 Ctrl + Break 键中断路由器的启动过程，进入 rommon 模式。

```
rommon 1 >config 0x2142
//改变寄存器的值为 0x2142，这使路由器启动过程中不读取配置文件
rommon2 >boot
//重新启动路由器。
Router >enable
Router#copy startup-config  running-config
Router#config terminal
Router(config)#enable password cisco
//把路由器的密码改成新的密码 cisco
Router(config)config-register 0x2102
//把路由器的值恢复为 0x2102，即当路由器启动时,配置文件起作用。
```

重新启动路由器，观察路由器是否正常。

步骤3：恢复 IOS。

假设 IOS 被误删除，路由器启动后进入 rommon 模式。（路由器启动过程中按 Ctrl + Break 键中断路由器的启动过程）。

在 rommon 状态下输入：（注意大小写）

```
rommon 1 >IP_ADDRESS = 192.168.1.1      //路由器的 ip 地址
rommon 2 >IP_SUBNET_MASK = 255.255.255.0    //路由器的掩码
rommon 3 >DEFAULT_GATEWAY = 192.168.1.2     //网关，是 pc 机的 ip 地址
rommon 4 >TFTP_SERVER = 192.168.1.2      //是 pc 机的 ip 地址
rommon 5 >TFTP_FILE = c2800nm-advipservicesk9-mz.124-15.T1.bin //上传文件的名称
rommon 6 >sync          //保存
rommon 7 >set           //查看
```

```
rommon 8 > tftpdnld        //传送文件，出现提示选择 y
rommon 9 > boot            //重启路由
```

5. 实验注意事项

（1）路由器 IOS 的备份可以用 Xmode 方式通过 Console 恢复，但速度很慢，传送一个路由器 IOS 大概 1~2 小时，所以很少采用。

（2）现在很多路由器带有 CF 卡，IOS 或配置保存在 CF 卡中，这样如果恢复 IOS 则需把 CF 卡通过读卡器在 PC 机上写入即可。

3.9 路由器基本配置命令汇总

表 3-1　路由器基本配置命令汇总表

命　　令	作　　用
R1#clock set hh：mm：ss month day year	设置路由器的时间
R1#show clock	显示路由器的时间
R1#show history	显示历史命令
R1#terminal no editing	关闭 CLI 的编辑功能
R1#terminal editing	打开 CLI 的编辑功能
R1#terminal histroy size 50	修改历史命令缓冲区的大小
R1#copy running-config startup-config	把内存中的配置文件保存到 NVRAM 中
R1（config-if）#clock rate 128000	配置串口上的时钟（DCE 端）
R1#show version	显示路由器的 IOS 版本等信息
R1#show running-config	显示内存中的配置文件
R1#show startup-config	显示 NVRAM 中的配置文件
R1#show interface s0/0/0	显示接口的信息
R1#show flash	显示 FLASH 的有关信息
R1#show controllers s0/0/0	显示 s0/0/0 的控制器信息
R1#show ip arp	显示路由器中的 arp 表
R1#show cdp	显示 CDP 运行信息
R1#show cdp interface	显示 CDP 在各接口的运行情况
R1#show cdp neighbors	显示 CDP 邻居信息
R1#show cdp entry R2	显示 CDP 邻居 R2 的详细信息
R1#copy running-config tftp	把内存中的配置文件复制到 TFTP 服务器上
R1#copy tftp running-config	把 TFTP 服务器上的配置文件复制到内存中
R1#copy flash tftp	把 FLASH 中的 IOS 保存到 TFTP 服务器上
rommon 1 > confreg　0x2142	在 rommon 模式下修改配置寄存器的值

续表

命 令	作 用
rommon 1 > i （boot）	在 rommon 模式下重启路由器
rommon 1 > tftpdnld	在 rommon 模式下，从 TFTP 服务器下载 IOS
R1#copy startup – config running – config	把 NVRAM 中的配置文件复制到内存中
R1（config）#config – register 0x2102	修改配置寄存器值为 0x2102
R1#reload	重启路由器
R1#delete flash	删除 FLASH 中的 IOS
R1#copy tftp flash	从 TFTP 服务器上复制 IOS 到 FLASH 中
R1#clear cdp table	清除 CDP 邻居表
R1（config – if）#no cdp enable	接口下关闭 CDP
R1（config）#no cdp run / cdp run	关闭/打开整个路由器的 CDP
R1（config）#cdp timer 30	CDP 每 30s 发送一次
R1（config）#cdp holdtime 120	让邻居为本设备发送的 CDP 消息保持 120s
R1 > enable	从用户模式进入特权模式
R1#configure terminal	进入配置模式
R1（config）#interface g0/0	进入千兆位以太网接口模式
R1（config – if）#no shutdown	打开接口
R1（config）#line vty 0 4	进入虚拟终端 vty 0 ~ vty 4
R1（config – line）#password cisco	配置虚拟终端密码为 cisco
R1（config – line）#login	用户要进入路由器，需要先进行登录
R1（config）#enable password cisco	配置进入特权模式的密码为 cisco，密码不加密
R1（config）#enable secret cisco	配置进入特权模式的密码为 cisco，密码加密
R1（config）#hostname Terminal – Server	配置路由器的主机名为 Terminal – Server
R1（config）#no ip domain – lookup	路由器不使用 DNS 服务器解析主机的 IP 地址
R1（config）#no ip routing	关闭路由器的路由功能
R1（config）#ip default – gateway10.1.14.254	配置路由器访问其他网段时所需的网关
R1#show line	显示各线路的状态
R1（config）#line 33 48	进入 33 ~ 38 线路模式
R1（config – line）#transport input all	允许所有协议进入线路
R1（config）#int loopback 0	进入 Loopback0 环回接口
R1（config）#banner motd	设置用户登录路由器时的提示信息

第4章 静态路由配置

4.1 静态路由理论指导

静态路由是指由网络管理员手工配置的路由信息。当网络的拓扑结构或链路的状态发生变化时，网络管理员需要去手工修改路由表中相关的静态路由信息。静态路由信息在默认情况下是私有的，不会传递给其他的路由器。当然，网络管理员也可以通过对路由器进行设置使之成为共享的。静态路由一般适用于比较简单的网络环境，在这样的环境中，网络管理员易于清楚地了解网络的拓扑结构，便于设置正确的路由信息。

使用静态路由的另一个好处是网络安全保密性高。因为动态路由需要路由器之间频繁地交换各自的路由表，而对路由表的分析可以揭示网络的拓扑结构和网络地址等信息。因此，网络出于安全方面的考虑也可以采用静态路由。

大型和复杂的网络环境通常不宜采用静态路由。一方面，网络管理员难以全面地了解整个网络的拓扑结构；另一方面，当网络的拓扑结构和链路状态发生变化时，路由器中的静态路由信息需要大范围地调整，这一工作的难度和复杂程度非常高。

4.1.1 静态路由

由于静态路由是管理员手工配置的，管理员必须在路由器上使用 ip route 命令配置。

语法格式：

```
Router(config)# ip route {network-address} {subnet-mask} {ip-address|exit-interface}
```

参数说明如下。

network-address：将远程网络的目的网络地址加入路由表。

subnet-mask：将远程网络的子网掩码加入路由表，可对此子网掩码进行修改，以总结一组网络。

ip-address：指定下一跳路由器的 IP 地址。

exit-interface：将数据包转发到目的网络时从本路由器送出的端口名。

例如，如图 4-1 所示，在路由器 R1 上配置如下：

```
R1(config)#ip route 192.168.1.0 255.255.255.0 172.16.2.2
R1(config)#^Z
R1#show ip route
Codes:C-connected,S-static,I-IGRP,R-RIP,M-mobile,B-BGP
      D-EIGRP,EX-EIGRP external,O-OSPF,IA-OSPF inter area
      N1-OSPF NSSA external type 1,N2-OSPF NSSA external type 2
      E1-OSPF external type 1,E2-OSPF external type 2,E-EGP
      i-IS-IS,L1-IS-IS level-1,L2-IS-IS level-2,ia-IS-IS inter area
      *-candidate default,U-per-user static route,o-ODR
```

```
       P - periodic downloaded static route
Gateway of last resort is not set
    172.16.0.0/24 is subnetted,2 subnets
C      172.16.2.0 is directly connected,Serial0/0/0
C      172.16.3.0 is directly connected,FastEthernet0/0
S      192.168.1.0/24 [1/0] via 172.16.2.2
```

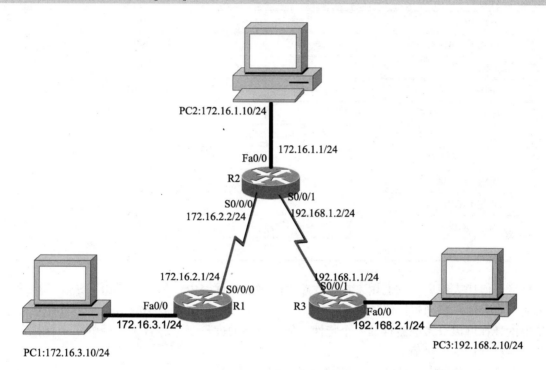

图 4 - 1　实验拓扑图

在通过 show ip route 命令显示路由表时，在路由表中多了一条"S192.168.1.0/24 [1/0] via 172.16.2.2"，其中"S"代表静态路由，"192.168.1.0"代表目的路由，[1/0] 是管理距离（Administrative Distance，简称为 AD）/度量值（Metric）；"via 172.16.2.2"是指到达目的网络的下一跳路由器的 IP 地址。

管理距离（Administrative Distance，简称为 AD）是指一种路由协议的路由可信度。每一种路由协议按可靠性从高到低依次分配一个信任等级，这个信任等级就叫管理距离。对于两种不同的路由协议到同一个目的地的路由信息，路由器首先根据管理距离决定选取哪一个协议。

AD 值越低，则它的优先级越高。管理距离是一个从 0～255 的整数值，0 是最可信赖的，而 255 则意味着不会有业务量通过这个路由。表 4 - 1 给出了一些常用路由协议的默认管理距离值。

表 4 – 1　路由协议的默认管理距离表

路由来源	管理距离
直接出口	0
使用下一跳地址配置的静态路由	1
EIGRP 汇总路由	5
外部 BGP	20
内部 EIGRP	90
IGRP	100
OSPF	110
IS – IS 自治系统	115
RIP	120
EGP 外部网关协议	140
ODR	160
外部 EIGRP	170
内部 BGP	200
未知	255

度量值代表距离,它们用来在寻找路由时确定最优路由。每一种路由算法在产生路由表时,会为每一条通过网络的路径产生一个数值(度量值),最小的值表示最优路径。度量值的计算可以只考虑路径的一个特性,但更复杂的度量值是综合了路径的多个特性产生的。一些常用的度量值如下。

- 跳数:报文要通过的路由器输出端口的个数。
- Ticks:数据链路的延时(大约 1/18 每秒)。
- 代价:可以是一个任意的值,是根据带宽、费用或其他网络管理者定义的计算方法得到的。
- 带宽:数据链路的容量。
- 时延:报文从源端传到目的地的时间长短。
- 负载:网络资源或链路已被使用部分的大小。
- 可靠性:网络链路的错误比特的比率。
- 最大传输单元(MTU):在一条路径上所有链路可接受的最大消息长度(单位为字节)。

4.1.2　默认路由

默认路由是一种特殊的静态路由,指的是当路由表中与包的目的地址之间没有匹配的表项时路由器能够做出的选择。如果没有默认路由,那么目的地址在路由表中没有匹配表项的包将被丢弃。默认路由在某些时候非常有效,当存在末结网络时,默认路由会大大简化路由器的配置,减轻管理员的工作负担,提高网络性能。

默认路由的格式如下:

第4章 静态路由配置

```
Router(config)# ip route0.0.0.0  0.0.0.0  {ip-address |exit-interface}
```

前一个"0.0.0.0"代表任意网络地址,后一个"0.0.0.0"代表任意子网掩码。
例如,在图4-1中对 R3 路由器配置默认路由:

```
R3(config)#ip route0.0.0.0 0.0.0.0 192.168.1.2
R3(config)#^Z
%SYS-5-CONFIG_I:Configured from console by console
R3#show ip route
Codes:C-connected,S-static,I-IGRP,R-RIP,M-mobile,B-BGP
      D-EIGRP,EX-EIGRP external,O-OSPF,IA-OSPF inter area
      N1-OSPF NSSA external type 1,N2-OSPF NSSA external type 2
      E1-OSPF external type 1,E2-OSPF external type 2,E-EGP
      i-IS-IS,L1-IS-IS level-1,L2-IS-IS level-2,ia-IS-IS inter area
      *-candidate default,U-per-user static route,o-ODR
      P-periodic downloaded static route
Gateway of last resort is 192.168.1.2 to network0.0.0.0
C    192.168.1.0/24 is directly connected,Serial0/0/1
C    192.168.2.0/24 is directly connected,FastEthernet0/0
S*   0.0.0.0/0 [1/0] via 192.168.1.2
```

4.2 实验1:静态路由

1. 实验目的

通过本实验掌握静态路由的配置、路由表的查看和关于静态路由配置的排错。

2. 虚拟场景

假设某公司总部在北京,其有两个子公司分别在上海和广州,要求总部与两个子公司形成一局域网,保证公司内部的信息的传递和安全性。

3. 实验拓扑

如图4-2所示。

4. 实验步骤

步骤1:在各路由器上配置 IP 地址和串口时钟,保证直连链路的连通。
在北京总部路由器 R2 上按图4-2所示进行设置,如下所示。

```
R2 > enable
R2#config terminal
Enter configuration commands,one per line.  End with CNTL/Z.
R2(config)#inter f0/0
R2(config-if)#ip address 172.16.1.1 255.255.255.0
R2(config-if)#no shutdown
R2(config-if)#inter s0/0/0
R2(config-if)#ip address 172.16.2.2 255.255.255.0
R2(config-if)#no shutdown
```

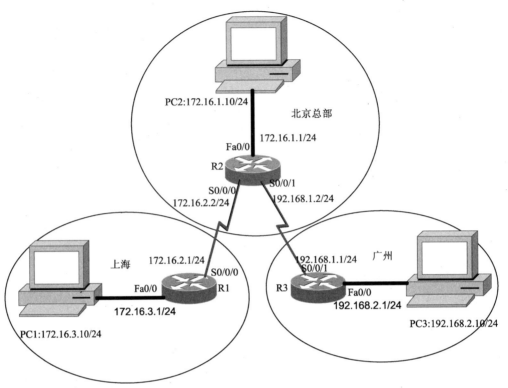

图 4-2　实验 1 和实验 2 拓扑图

```
R2(config-if)#inter s0/0/1
R2(config-if)#ip address 192.168.1.2 255.255.255.0
R2(config-if)#clock rate 64000
R2(config-if)#no shutdown
```

在上海路由器 R1 上按图 4-2 所示进行设置，如下所示。

```
R1>enable
R1#configterminal
Enter configuration commands,one per line.   End with CNTL/Z.
R1(config)#inter fa0/0
R1(config-if)#ip address 172.16.3.1 255.255.255.0
R1(config-if)#no shutdown
R1(config-if)#inter s0/0/0
R1(config-if)#ip address 172.16.2.1 255.255.255.0
R1(config-if)#clock rate 64000
R1(config-if)#no shutdown
```

在广州路由器 R3 上按图 4-2 所示进行设置，如下所示。

```
R3>enable
R3#configterminal
Enter configuration commands,one per line.   End with CNTL/Z.
R3(config)#inter fa0/0
R3(config-if)#ip address 192.168.2.1 255.255.255.0
```

第4章 静态路由配置

```
R3(config-if)#no shutdown
R3(config-if)#inter s0/0/1
R3(config-if)#ip address 192.168.1.1 255.255.255.0
R3(config-if)#no shutdown
R3(config-if)#
```

步骤2：在各路由器上配置静态路由。

```
R2(config)#ip route 172.16.3.0 255.255.255.0 172.16.2.1
R2(config)#ip route 192.168.2.0 255.255.255.0 192.168.1.1
R1(config)#ip route 172.16.1.0 255.255.255.0 172.16.2.2
R1(config)#ip route 192.168.1.0 255.255.255.0 172.16.2.2
R1(config)#ip route 192.168.2.0 255.255.255.0 172.16.2.2
R3(config)#ip route 172.16.1.0 255.255.255.0 192.168.1.2
R3(config)#ip route 172.16.2.0 255.255.255.0 192.168.1.2
R3(config)#ip route 172.16.3.0 255.255.255.0 192.168.1.2
```

5. 实验调试及注意事项

查看每个路由器的路由表，如下所示。

```
R2#show ip route
Codes:C - connected,S - static,I - IGRP,R - RIP,M - mobile,B - BGP
      D - EIGRP,EX - EIGRP external,O - OSPF,IA - OSPF inter area
      N1 - OSPF NSSA external type 1,N2 - OSPF NSSA external type 2
      E1 - OSPF external type 1,E2 - OSPF external type 2,E - EGP
      i - IS - IS,L1 - IS - IS level - 1,L2 - IS - IS level - 2,ia - IS - IS inter area
      * - candidate default,U - per - user static route,o - ODR
      P - periodic downloaded static route
Gateway of last resort is not set
     172.16.0.0/24 is subnetted,3 subnets
C       172.16.1.0 is directly connected,FastEthernet0/0
C       172.16.2.0 is directly connected,Serial0/0/0
S       172.16.3.0 [1/0] via 172.16.2.1
C    192.168.1.0/24 is directly connected,Serial0/0/1
S    192.168.2.0/24 [1/0] via 192.168.1.1
R1#show ip route
Codes:C - connected,S - static,I - IGRP,R - RIP,M - mobile,B - BGP
      D - EIGRP,EX - EIGRP external,O - OSPF,IA - OSPF inter area
      N1 - OSPF NSSA external type 1,N2 - OSPF NSSA external type 2
      E1 - OSPF external type 1,E2 - OSPF external type 2,E - EGP
      i - IS - IS,L1 - IS - IS level - 1,L2 - IS - IS level - 2,ia - IS - IS inter area
      * - candidate default,U - per - user static route,o - ODR
      P - periodic downloaded static route
Gateway of last resort is not set
     172.16.0.0/24 is subnetted,3 subnets
S       172.16.1.0 [1/0] via 172.16.2.2
C       172.16.2.0 is directly connected,Serial0/0/0
C       172.16.3.0 is directly connected,FastEthernet0/0
```

```
S    192.168.1.0/24 [1/0] via 172.16.2.2
S    192.168.2.0/24 [1/0] via 172.16.2.2
R3#show ip route
Codes:C - connected,S - static,I - IGRP,R - RIP,M - mobile,B - BGP
      D - EIGRP,EX - EIGRP external,O - OSPF,IA - OSPF inter area
      N1 - OSPF NSSA external type 1,N2 - OSPF NSSA external type 2
      E1 - OSPF external type 1,E2 - OSPF external type 2,E - EGP
      i - IS - IS,L1 - IS - IS level - 1,L2 - IS - IS level - 2,ia - IS - IS inter area
      * - candidate default,U - per - user static route,o - ODR
      P - periodic downloaded static route
Gateway of last resort is 192.168.1.2 to network0.0.0.0
     172.16.0.0/24 is subnetted,3 subnets
S       172.16.1.0 [1/0] via 192.168.1.2
S       172.16.2.0 [1/0] via 192.168.1.2
S       172.16.3.0 [1/0] via 192.168.1.2
C    192.168.1.0/24 is directly connected,Serial0/0/1
C    192.168.2.0/24 is directly connected,FastEthernet0/0
```

在 PC1 上测试与 PC2 和 PC3 的连通性,如下所示。

```
PC > ping 172.16.1.10
Pinging 172.16.1.10 with 32 bytes of data:
Reply from 172.16.1.10: bytes = 32 time = 94ms TTL = 126
Reply from 172.16.1.10: bytes = 32 time = 94ms TTL = 126
Reply from 172.16.1.10: bytes = 32 time = 94ms TTL = 126
Reply from 172.16.1.10: bytes = 32 time = 93ms TTL = 126
Ping statistics for 172.16.1.10:
    Packets: Sent = 4, Received = 4, Lost = 0 (0% loss),
Approximate round trip times in milli - seconds:
Minimum = 93ms, Maximum = 94ms, Average = 93ms
PC > ping 192.168.2.10
Pinging 192.168.2.10 with 32 bytes of data:
Reply from 192.168.2.10: bytes = 32 time = 125ms TTL = 125
Reply from 192.168.2.10: bytes = 32 time = 125ms TTL = 125
Reply from 192.168.2.10: bytes = 32 time = 125ms TTL = 125
Reply from 192.168.2.10: bytes = 32 time = 109ms TTL = 125
Ping statistics for 192.168.2.10:
    Packets: Sent = 4, Received = 4, Lost = 0 (0% loss),
Approximate round trip times in milli - seconds:
    Minimum = 109ms, Maximum = 125ms, Average = 121ms
```

注意事项:(1)每台计算机网关都是本区域路由器以太网接口 IP 地址。

(2)必须保证每条直连链路连通,可以用 ping 命令进行测试。

(3)对于串行线路,必须在 DCE 端配置时钟。

(4)对于一个路由器不直连的网络,必须用 ip route 命令全部宣告。

6. 实验思考问题

（1）按图 4-2 所示，如果 PC2 能 ping 通 PC1 和 PC3，是否就可以证明 PC1 能 ping 通 PC3？

（2）如果 PC2 能 ping 通网关，但不能 ping 通 PC1，为什么？

（3）在查看路由器 R1 路由表时发现：
S   172.16.1.0 [1/0] via 172.16.2.2
S   192.168.1.0/24 [1/0] via 172.16.2.2
S   192.168.2.0/24 [1/0] via 172.16.2.2
静态路由中，下一跳都是 172.16.2.2，能否简便设置？

（4）如果在 PC1 上 ping PC2 出现下面情况，原因是什么？

```
PC＞ping172.16.1.10
Pinging172.16.1.10 with 32 bytes of data:
Reply from 172.16.3.1:Destination host unreachable.
Reply from 172.16.3.1:Destination host unreachable.
Reply from 172.16.3.1:Destination host unreachable.
Reply from 172.16.3.1:Destination host unreachable.
Ping statistics for172.16.1.10:
    Packets:Sent＝4,Received＝0,Lost＝4(100％ loss)
```

4.3 实验 2：默认路由

1. 实验目的

通过本实验掌握默认路由的配置、路由表的查看和关于默认路由配置的排错。

2. 虚拟场景

假设某公司总部在北京，其有两个子公司分别在上海和广州，要求总部与两个子公司形成一局域网，保证公司内容的信息的传递和安全性。

3. 实验拓扑

如图 4-2 所示。

4. 实验步骤

步骤1：在各路由器上配置 IP 地址和串口时钟，保证直连链路的连通。参照实验1步骤1。

步骤2：在各路由器上配置静态路由。

```
R2 (config)#ip route 172.16.3.0 255.255.255.0 172.16.2.1
R2 (config)#ip route0.0.0.0 0.0.0.0 192.168.1.1
R1 (config)#ip route0.0.0.0 0.0.0.0 172.16.2.2
R3 (config)#ip route0.0.0.0 0.0.0.0 192.168.1.2
```

5. 实验调试及注意事项

查看每个路由器的路由表，如下所示。

```
R2#show ip route
Codes:C - connected,S - static,I - IGRP,R - RIP,M - mobile,B - BGP
      D - EIGRP,EX - EIGRP external,O - OSPF,IA - OSPF inter area
      N1 - OSPF NSSA external type 1,N2 - OSPF NSSA external type 2
      E1 - OSPF external type 1,E2 - OSPF external type 2,E - EGP
      i - IS - IS,L1 - IS - IS level - 1,L2 - IS - IS level - 2,ia - IS - IS inter area
      * - candidate default,U - per - user static route,o - ODR
      P - periodic downloaded static route
Gateway of last resort is 192.168.1.1 to network0.0.0.0
    172.16.0.0/24 is subnetted,3 subnets
C       172.16.1.0 is directly connected,FastEthernet0/0
C       172.16.2.0 is directly connected,Serial0/0/0
S       172.16.3.0 [1/0] via 172.16.2.1
C    192.168.1.0/24 is directly connected,Serial0/0/1
S*   0.0.0.0/0 [1/0] via 192.168.1.1

R1#show ip route
Codes:C - connected,S - static,I - IGRP,R - RIP,M - mobile,B - BGP
      D - EIGRP,EX - EIGRP external,O - OSPF,IA - OSPF inter area
      N1 - OSPF NSSA external type 1,N2 - OSPF NSSA external type 2
      E1 - OSPF external type 1,E2 - OSPF external type 2,E - EGP
      i - IS - IS,L1 - IS - IS level - 1,L2 - IS - IS level - 2,ia - IS - IS inter area
      * - candidate default,U - per - user static route,o - ODR
      P - periodic downloaded static route
Gateway of last resort is 172.16.2.2 to network0.0.0.0
    172.16.0.0/24 is subnetted,2 subnets
C       172.16.2.0 is directly connected,Serial0/0/0
C       172.16.3.0 is directly connected,FastEthernet0/0
S*   0.0.0.0/0 [1/0] via 172.16.2.2

R3#sh ip route
Codes:C - connected,S - static,I - IGRP,R - RIP,M - mobile,B - BGP
      D - EIGRP,EX - EIGRP external,O - OSPF,IA - OSPF inter area
      N1 - OSPF NSSA external type 1,N2 - OSPF NSSA external type 2
      E1 - OSPF external type 1,E2 - OSPF external type 2,E - EGP
      i - IS - IS,L1 - IS - IS level - 1,L2 - IS - IS level - 2,ia - IS - IS inter area
      * - candidate default,U - per - user static route,o - ODR
      P - periodic downloaded static route
Gateway of last resort is 192.168.1.2 to network0.0.0.0
C    192.168.1.0/24 is directly connected,Serial0/0/1
C    192.168.2.0/24 is directly connected,FastEthernet0/0
S*  0.0.0.0/0 [1/0] via 192.168.1.2
```

在 PC1 上测试与 PC2 与 PC3 的连通性，如下所示。

```
PC >ping 172.16.1.10
```

```
Pinging 172.16.1.10 with 32 bytes of data:
Reply from 172.16.1.10:bytes=32 time=94ms TTL=126
Reply from 172.16.1.10:bytes=32 time=94ms TTL=126
Reply from 172.16.1.10:bytes=32 time=94ms TTL=126
Reply from 172.16.1.10:bytes=32 time=93ms TTL=126
Ping statistics for 172.16.1.10:
    Packets:Sent=4,Received=4,Lost=0(0% loss),
Approximate round trip times in milli-seconds:
Minimum=93ms,Maximum=94ms,Average=93ms
PC >ping 192.168.2.10
Pinging 192.168.2.10 with 32 bytes of data:
Reply from 192.168.2.10: bytes=32 time=125ms TTL=125
Reply from 192.168.2.10: bytes=32 time=125ms TTL=125
Reply from 192.168.2.10: bytes=32 time=125ms TTL=125
Reply from 192.168.2.10: bytes=32 time=109ms TTL=125
Ping statistics for 192.168.2.10:
    Packets: Sent=4, Received=4, Lost=0 (0% loss),
Approximate round trip times in milli-seconds:
    Minimum=109ms, Maximum=125ms, Average=121ms
```

注意事项：（1）默认路由一般设置在未结路由器上。

（2）如果路由器不是未结路由器并且设置了默认路由，还需要设置静态路由。

6. 实验思考问题

（1）在路由器 R2 上，按实验 1 的方法设置两条静态路由，可以吗？

（2）在路由器 R2 上，设置两条如下所示的默认路由，可以吗？

R2（config）#ip route0.0.0.0   0.0.0.0 172.16.2.1
R2（config）#ip route0.0.0.0   0.0.0.0 192.168.1.1

4.4 静态路由命令汇总

表 4-2 静态路由命令汇总

命　　令	作　　用
R1（config）# ip route	配置静态路由
R1#show ip route	查看路由表
R1（config）# ip classless	打开有类路由功能
R1（config）# no ip classless	关闭有类路由功能
R1# ping 172.16.1.1	对指定 IP 地址进行 ping 测试

第 5 章 RIP 路由配置

5.1 RIP 协议理论指导

动态路由协议包括距离向量路由协议和链路状态路由协议。RIP（Routing Information Protocols）为路由信息协议，是使用最广泛的距离向量路由协议，并且是最简单的动态路由协议。RIP 是专为小型网络环境而设计的，因为这种协议的路由学习以及路由更新会产生较大的流量，占用较大的带宽。

RIP 协议有 RIPv1、RIPv2 和 RIPng（路由选择信息协议下一代，是 IPv6 中的 RIP 协议，与 RIPv1 和 RIPv2 不兼容）3 个版本，是一种内部网关协议或 IGP。

RIPv1 和 RIPv2 的相同特点如下。

- 都是距离向量路由协议。
- 使用跳数（Hop Count）作为度量值。
- 默认路由更新周期为 30 秒。
- 管理距离（AD）为 120。
- 支持触发更新。
- 最大跳数为 15 跳。
- 支持等价路径，默认 4 条，最大 6 条。
- 使用 UDP520 端口进行路由更新。

表 5-1 给出了 RIPv1 和 RIPv2 的区别。

表 5-1 RIPv1 和 RIPv2 的区别

RIPv1	RIPv2
在路由表更新的过程中不携带子网信息	在路由更新的过程中携带子网信息
不提供认证	提供明文和 MD5 认证
不支持 VLSM 和 CIDR	支持 VLSM 和 CIDR
采用广播更新	采用组播（224.0.0.9）更新
有类路由协议	无类路由协议

5.1.1 RIP 工作的基本原理

配置了 RIP 的接口会在启动的时候发送请求消息，要求所有 RIP 邻居发送完整的路由表，而启用 RIP 的邻居随后传回响应消息。当发送请求的路由器收到响应的时候，它将查看每个路由条目。假如路由条目是新的，接收方路由器就会将该路由添加到它的路由表中；如果该条路由路由表中已经存在，则当新的路由比现有的路由跳数少时，新条目将替换现有条目，然后路由器从所有启用了 RIP 的接口每 30 秒发出包含其自身路由表的触发更新，以便 RIP 邻居能够获知所有新路由。

5.1.2 RIP 的运行特点

- RIP 是典型的距离矢量路由协议，具有距离矢量算法路由协议的一切特征。
- RIP 通过定期的广播整个路由表来发现和维护路由，默认情况下每 30 秒广播一次路由表。
- RIP 以跳数作为路由的度量，每经过一个路由称为一跳，最大支持 15 跳。
- RIP 不支持路由汇总和可变长子网掩码。
- RIP 默认支持 4 条开销相同的链路的负载均衡，最大支持 16 条。

5.1.3 路由环路

路由环路是指数据包在一系列路由器之间不断传输却始终无法到达其预期目的网络的一种现象，其发生的原因是由于距离矢量路由是通过定期的广播路由更新到所有激活的接口，但有时路由器不能同时或接近同时地完成路由表的更新。

为了防止路由环路可以有以下几种方法。

- 最大跳数：RIP 默认允许的跳数 4，最大跳数是 15，所以任何经过 16 跳到达的网络都被认为是不可达的。因此，最大跳数可以控制一个路由表项在达到多大值后变成无效。
- 水平分割：通过在 RIP 网络中强制信息的传送规则来减少不正确路由信息和路由管理开销，做法就是限制路由器不能按接收信息的方向发送信息。
- 路由中毒：当某路由器发现某个网络出现问题时，它就可以将该网络设为 16 或不可达的表项来引发一个路由中毒。
- 保持关闭：保持关闭指示路由器将那些可能会影响路由的更改保持一段特定的时间。如果确定某条路由为 down（不可用）或 possibly down（可能不可用），则在规定的时间段内，任何包含相同状态或更差状态的有关该路由的信息都将被忽略。这表示路由器将在一段足够长的时间内将路由标记为 unreachable（不可达），以便路由更新能够传递带有最新信息的路由表。

5.1.4 RIP 的基本配置

1. 启用 RIP

```
Router(config)#router rip
```

2. 宣告网络

```
Router(config-router)#network[mask] {address|interface}[distance]
```

参数说明如下。

network：目标网络（destination network）

mask：网络掩码（subnet mask）

address：下一跳地址（Next-hop address）
interface：本地出接口（Local outgoing interface）
distance：管理距离（administrative distance）

3. 停止不需要的 RIP 更新的端口

```
Router(config-router)#passive-interface {interface-number}
```

4. 在 RIP 中传播默认路由

```
Router(config-router)default-information originate
```

5. 查看当前使用什么路由协议，路由协议的配置情况等信息

```
Router#show ip protocols
```

6. 显示路由表中的内容

```
Router#show ip route
```

7. 用于调试 RIP 信息

使用前缀"no"关闭调试信息。当该命令开启后路由器会显示所有与 RIP 有关的行为，包括何时、从哪里、收到了多少数据包，发送了多少数据包等。

```
Router#(no)debug ip rip
```

8. 启用 RIPv2

```
Router(config-router)#version 2
```

9. 禁用路由的自动汇总

```
Router(config-router)#no auto-summary
```

5.2 实验 1：RIPv1 基本配置

1. 实验目的

（1）在路由器上启动 RIPv1 路由进程。
（2）启用参与路由协议的接口，并且通告网络。
（3）理解路由表的含义。
（4）查看和调试 RIPv1 路由协议相关信息。

2. 虚拟场景

假设某高校有总部、东校区和西校区 3 个校区，每个校区内有两个学院，每一个学院为一个独立的 C 网段，6 台 PC 机分别代表 6 个学院的计算机，现要求配置 RIPv1 协议，使 6 个学院的计算机都能相互通信。

3. 实验拓扑

如图 5-1 所示。

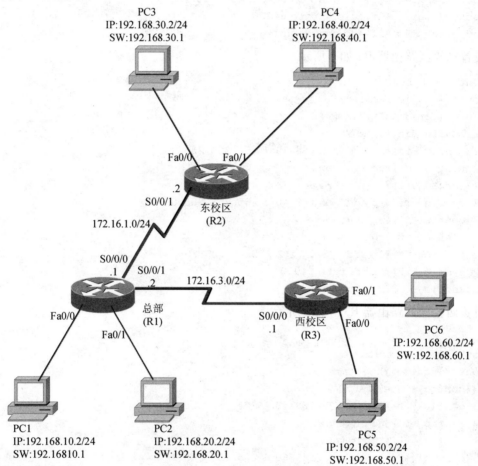

图 5-1　RIP 实验拓扑图

4. 实验步骤

步骤 1：首先在各个路由器上为每个端口设置 IP 地址，在 DCE 端配置时钟并开启。设置总部路由器 R1，如下所示。

```
Router>enable
Router#config terminal
Router(config)#hostname R1
R1(config)#inter fa0/0
R1(config-if)#ip add 192.168.10.1 255.255.255.0
```

```
R1(config-if)#no shutdown
R1(config-if)#inter fa0/1
R1(config-if)#ip add 192.168.20.1 255.255.255.0
R1(config-if)#no shutdown
R1(config-if)#inter s0/0/0
R1(config-if)#ip add 172.16.1.1 255.255.255.0
R1(config-if)#no shutdown
Router(config-if)#inter s0/0/1
Router(config-if)#ip add 172.16.3.2 255.255.255.0
Router(config-if)#clock rate 64000
Router(config-if)#no shutdown
```

设置东校区路由器 R2 如下所示。

```
Router>enable
Router#config terminal
Router(config)#hostname R2
R2(config)#inter fa0/0
R2(config-if)#ip add 192.168.30.1 255.255.255.0
R2(config-if)#no shutdown
R2(config-if)#inte fa0/1
R2(config-if)#ip add 192.168.40.1 255.255.255.0
R2(config-if)#no shutdown
R2(config-if)#inter s0/0/1
R2(config-if)#ip add 172.16.1.2 255.255.255.0
R2(config-if)#clock rate 64000
R2(config-if)#no shutdown
```

设置西校区的路由器 R3，如下所示。

```
Router>enable
Router#config terminal
Router(config)#hostname R3
R3(config)#inter fa0/0
R3(config-if)#ip add 192.168.50.1 255.255.255.0
R3(config-if)#no shutdown
R3(config-if)#inter fa0/1
R3(config-if)#ip add 192.168.60.1 255.255.255.0
R3(config-if)#no shutdown
R3(config-if)#inter s0/0/0
R3(config-if)#ip add 172.16.3.1 255.255.255.0
R3(config-if)#no shutdown
```

步骤 2：配置路由器 R1 的 RIP 协议。

```
R1(config)#router rip
R1(config-router)#network 192.168.10.0
R1(config-router)#network 192.168.20.0
R1(config-router)#network 172.16.1.0
R1(config-router)#network 172.16.3.0
```

步骤3：配置路由器R2的RIP协议。

```
R2(config)#router rip
R2(config-router)#network 192.168.30.0
R2(config-router)#network 192.168.40.0
R2(config-router)#network 172.16.1.0
```

步骤4：配置路由器R3的RIP协议。

```
R3(config)#router rip
R3(config-router)#network 172.16.3.0
R3(config-router)#network 192.168.50.0
R3(config-router)#network 192.168.60.0
```

5. 实验调试及注意事项

(1) show ip route

```
R1#show ip route
    Codes:C-connected,S-static,I-IGRP,R-RIP,M-mobile,B-BGP
        D-EIGRP,EX-EIGRP external,O-OSPF,IA-OSPF inter area
        N1-OSPF NSSA external type 1,N2-OSPF NSSA external type 2
        E1-OSPF external type 1,E2-OSPF external type 2,E-EGP
        i-IS-IS,L1-IS-IS level-1,L2-IS-IS level-2,ia-IS-IS inter area
        *-candidate default,U-per-user static route,o-ODR
        P-periodic downloaded static route
Gateway of last resort is not set
    172.16.0.0/24 is subnetted,2 subnets
C       172.16.1.0 is directly connected,Serial0/0/0
C       172.16.3.0 is directly connected,Serial0/0/1
C    192.168.10.0/24 is directly connected,FastEthernet0/0
C    192.168.20.0/24 is directly connected,FastEthernet0/1
R    192.168.30.0/24 [120/1] via 172.16.1.2,00:00:21,Serial0/0/0
R    192.168.40.0/24 [120/1] via 172.16.1.2,00:00:21,Serial0/0/0
R    192.168.50.0/24 [120/1] via 172.16.3.1,00:00:19,Serial0/0/1
R    192.168.60.0/24 [120/1] via 172.16.3.1,00:00:19,Serial0/0/1
```

注意事项：以上输出表明路由器R1学到了4条RIP路由，其中路由条目"R 192.168.30.0/24 [120/1] via 172.16.1.2，00：00：21，Serial0/0/0"的含义如下。

- R：路由条目是通过RIP路由协议学习来的。
- 192.168.30.0/24：目的网络。
- 120：RIP路由协议的默认管理距离。
- 1：度量值，从路由器GS到达网络192.168.30.0/24的度量值为1跳。
- 172.16.1.2：下一跳地址。
- 00：00：21：距离下一次更新还有9（30-21）秒。
- Serial0/0/0：接收该路由条目的本路由器的接口。

(2) show ip protocols

```
R1#show ip protocols
Routing Protocol is "rip"
Sending updates every 30 seconds, next due in 21 seconds
Invalid after 180 seconds, hold down 180, flushed after 240
Outgoing update filter list for all interfaces is not set
Incoming update filter list for all interfaces is not set
Redistributing: rip
Default version control: send version 1, receive any version
  Interface              Send  Recv  Triggered RIP  Key-chain
  FastEthernet0/0         1     2 1
  FastEthernet0/1         1     2 1
  Serial0/0/0             1     2 1
  Serial0/0/1             1     2 1
Automatic network summarization is in effect
Maximum path: 4
Routing for Networks:
 172.16.0.0
 192.168.10.0
 192.168.20.0
Passive Interface (s):
Routing Information Sources:
  Gateway          Distance      Last Update
  172.16.1.2         120         00:00:20
  172.16.3.1         120         00:00:19
Distance: (default is 120)
```

(3) debug ip rip

```
GS#clear ip route *
GS#debug ip rip
RIP protocol debugging is on
RIP:sending  v1 update to 255.255.255.255 via FastEthernet0/0(192.168.10.1)
RIP:build update entries
     network 172.16.0.0 metric 1
     network 192.168.20.0 metric 1
     network 192.168.30.0 metric 2
     network 192.168.40.0 metric 2
     network 192.168.50.0 metric 2
     network 192.168.60.0 metric 2
RIP:sending  v1 update to 255.255.255.255 via FastEthernet0/1(192.168.20.1)
RIP:build update entries
     network 172.16.0.0 metric 1
     network 192.168.10.0 metric 1
     network 192.168.30.0 metric 2
     network 192.168.40.0 metric 2
     network 192.168.50.0 metric 2
     network 192.168.60.0 metric 2
```

```
RIP:sending  v1 update to 255.255.255.255 via Serial0/0/0 (172.16.1.1)
   RIP:build update entries
       network 172.16.3.0 metric 1
       network 192.168.10.0 metric 1
       network 192.168.20.0 metric 1
       network 192.168.50.0 metric 2
       network 192.168.60.0 metric 2
RIP:sending  v1 update to 255.255.255.255 via Serial0/0/1 (172.16.3.2)
   RIP:build update entries
       network 172.16.1.0 metric 1
       network 192.168.10.0 metric 1
       network 192.168.20.0 metric 1
       network 192.168.30.0 metric 2
       network 192.168.40.0 metric 2
RIP:received v1 update from 172.16.1.2 on Serial0/0/0
       192.168.30.0 in 1 hops
       192.168.40.0 in 1 hops
RIP:received v1 update from 172.16.3.1 on Serial0/0/1
       192.168.50.0 in 1 hops
       192.168.60.0 in 1 hops
```

通过以上输出，可以看到 RIPv1 采用广播更新（255.255.255.255），分别向各个端口发送路由更新，但会发现向 FastEthernet0/0 和 FastEthernet0/1 两个端口发送路由更新没有任何意义，因为它们连接的是主机而不是路由器。这时，可以把这两个端口设置成被动接口，被动接口只能接收路由更新，不能以广播或组播方式发送更新。

配置被动接口的命令是：

```
R1(config)#router rip
R1(config-router)#passive-interface fa0/0        //设置 fa0/0 为被动接口
```

6. 实验思考问题

（1）在 R2 的路由表中应该有几条 RIP 协议？它们分别是什么？它们的距离分别是多少？

（2）在路由器 R1 上，为什么说向 FastEthernet0/0 发送路由更新是浪费并且也占用带宽的资源？

5.3 实验 2：RIPv2 基本配置

1. 实验目的

（1）在路由器上启动 RIPv2 路由进程。
（2）启用参与路由协议的接口，并且通告网络。
（3）auto-summary 的开启和关闭。
（4）查看和调试 RIPv2 路由协议相关信息。

2. 虚拟场景

假设某高校有总部、东校区和西校区 3 个校区,每个校区内有两个学院,一个学院为一个独立的 C 网段,6 台 PC 机分别代表 6 个学院的计算机,现要求配置 RIPv2 协议,使 6 个学院的计算机都能相互通信。

3. 实验拓扑

如图 5-1 所示。

4. 实验步骤

步骤 1:设置路由器端口 IP 地址并开启,参照 5.2 节实验 1。
步骤 2:配置路由器 R1 的 RIP 协议。

```
R1(config)#router rip
R1(config-router)#version 2
R1(config-router)#no auto-summary
R1(config-router)#network 192.168.10.0
R1(config-router)#network 192.168.20.0
R1(config-router)#network 172.16.1.0
R1(config-router)#network 172.16.3.0
```

步骤 3:配置路由器 R2 的 RIP 协议。

```
R2(config)#router rip
R2(config-router)#version 2
R2(config-router)#no auto-summary
R2(config-router)#network 192.168.30.0
R2(config-router)#network 192.168.40.0
R2(config-router)#network 172.16.1.0
```

步骤 4:配置路由器 R3 的 RIP 协议。

```
R3(config)#router rip
R3(config-router)#version 2
R3(config-router)#no auto-summary
R3(config-router)#network 172.16.3.0
R3(config-router)#network 192.168.50.0
R3(config-router)#network 192.168.60.0
```

5. 实验调试及注意事项

(1) debug ip rip

```
R1#debug ip rip
RIP:sending  v2 update to 224.0.0.9 via FastEthernet0/0 (192.168.10.1)
RIP:build update entries
     172.16.1.0/24 via 0.0.0.0,metric 1,tag 0
     172.16.3.0/24 via 0.0.0.0,metric 1,tag 0
     192.168.20.0/24 via 0.0.0.0,metric 1,tag 0
```

            192.168.30.0/24 via 0.0.0.0,metric 2,tag 0
            192.168.40.0/24 via 0.0.0.0,metric 2,tag 0
            192.168.50.0/24 via 0.0.0.0,metric 2,tag 0
            192.168.60.0/24 via 0.0.0.0,metric 2,tag 0
    RIP:sending v2 update to 224.0.0.9 via FastEthernet0/1 (192.168.20.1)
    RIP:build update entries
            172.16.1.0/24 via 0.0.0.0,metric 1,tag 0
            172.16.3.0/24 via 0.0.0.0,metric 1,tag 0
            192.168.10.0/24 via 0.0.0.0,metric 1,tag 0
            192.168.30.0/24 via 0.0.0.0,metric 2,tag 0
            192.168.40.0/24 via 0.0.0.0,metric 2,tag 0
            192.168.50.0/24 via 0.0.0.0,metric 2,tag 0
            192.168.60.0/24 via 0.0.0.0,metric 2,tag 0
    RIP:sending v2 update to 224.0.0.9 via Serial0/0/0 (172.16.1.1)
    RIP:build update entries
            172.16.3.0/24 via 0.0.0.0,metric 1,tag 0
            192.168.10.0/24 via 0.0.0.0,metric 1,tag 0
            192.168.20.0/24 via 0.0.0.0,metric 1,tag 0
            192.168.50.0/24 via 0.0.0.0,metric 2,tag 0
            192.168.60.0/24 via 0.0.0.0,metric 2,tag 0
    RIP:sending v2 update to 224.0.0.9 via Serial0/0/1 (172.16.3.2)
    RIP:build update entries
            172.16.1.0/24 via 0.0.0.0,metric 1,tag 0
            192.168.10.0/24 via 0.0.0.0,metric 1,tag 0
            192.168.20.0/24 via 0.0.0.0,metric 1,tag 0
            192.168.30.0/24 via 0.0.0.0,metric 2,tag 0
            192.168.40.0/24 via 0.0.0.0,metric 2,tag 0
    RIP:received v2 update from 172.16.3.1 on Serial0/0/1
            192.168.50.0/24 via 0.0.0.0 in 1 hops
            192.168.60.0/24 via 0.0.0.0 in 1 hops
    RIP:received v2 update from 172.16.1.2 on Serial0/0/0
            192.168.30.0/24 via 0.0.0.0 in 1 hops
            192.168.40.0/24 via 0.0.0.0 in 1 hops

从上面输出的路由条目"172.16.1.0/24 via 0.0.0.0, metric 1, tag 0"中可以看到 RIPv2 路由更新是携带子网信息的。

从"sending v2 update to 224.0.0.9 via FastEthernet0/0"可以看出 RIPv2 以组播"224.0.0.9"向外发送路由更新。

(2) show ip protocols

```
R1#show ip protocols
Routing Protocol is "rip"
Sending updates every 30 seconds, next due in 17 seconds
Invalid after 180 seconds, hold down 180, flushed after 240
Outgoing update filter list for all interfaces is not set
Incoming update filter list for all interfaces is not set
Redistributing: rip
```

```
Default version control:send version 2,receive 2
  Interface            Send  Recv  Triggered RIP  Key-chain
  FastEthernet0/0       2    2
  FastEthernet0/1       2    2
  Serial0/0/0           2    2
  Serial0/0/1           2    2
Automatic network summarization is not in effect
Maximum path:4
Routing for Networks:
  172.16.0.0
  192.168.10.0
  192.168.20.0
Passive Interface(s):
Routing Information Sources:
  Gateway          Distance       Last Update
  172.16.1.2         120          00:00:15
  172.16.3.1         120          00:00:23
Distance:(default is 120)
```

注意事项：RIPv2 默认情况下只接收和发送版本 2 的路由更新可以通过命令"ip rip send version"和"ip rip receive version"来控制在路由器接口上接收和发送的版本，例如在 s0/0/0 接口上接收版本 1 和 2 的路由更新，但是只发送版本 2 的路由更新，配置如下：

GS（config-if）#ip rip send version 2

GS（config-if）#ip rip receive version 1 2

接口特性是优于进程特性的，对于本实验，虽然在 RIP 进程中配置了"version 2"，但是如果在接口上配置了"ip rip receive version 1 2"，则该接口可以接收版本 1 和 2 的路由更新。

6. 实验思考问题

通过实验数据对比 RIPv1 和 RIPv2 的相同点和不同点。

5.4　实验 3：RIPv2 认证

1. 实验目的

通过本实验可以掌握以下内容。

（1）RIPv2 明文认证的配置和匹配原则。

（2）RIPv2 MD5 认证的配置和匹配原则。

2. 实验拓扑

如图 5-1 所示。

3. 实验步骤

步骤 1：配置路由器 R2。

```
R2(config)#key chain test          //配置钥匙链
R2(config-keychain)#key 1          //配置 KEY ID
R2(config-keychain-key)#key-string cisco      //配置 KEY ID 的密匙
R2(config)#interface s0/0/1
R2(config-if)#ip rip authentication mode text
//启用认证，认证模式为明文，默认认证模式就是明文，所以也可以不用指定
R2(config-if)#ip rip authentication key-chain test //在接口上调用钥匙链
```

步骤 2：配置路由器 R1。

```
R1(config)#key chain test
R1(config-keychain)#key 1
R1(config-keychain-key)#key-string cisco
R1(config)#interface s0/0/0
R1(config-if)#ip rip triggered
R1(config-if)#ip rip authentication key-chain test
R1(config-if)#interface s0/0/1
R1(config-if)#ip rip authentication key-chain test
```

步骤 3：配置路由器 R3。

```
R3(config)#key chain test
R3(config-keychain)#key 1
R3(config-keychain-key)#key-string cisco
R3(config)#interface s0/0/0
R3(config-if)#ip rip authentication key-chain test
```

4. 实验调试及注意事项

```
R1#show ip protocols
  Routing Protocol is "rip"
  Outgoing update filter list for all interfaces is not set
  Incoming update filter list for all interfaces is not set
  Sending updates every 30 seconds, next due in 4 seconds
  Invalid after 180 seconds, hold down180, flushed after 240
  Redistributing: rip
  Default version control: send version 2, receive version 2
    Interface Send Recv Triggered RIP Key-chain
    Serial0/0/0 2 2    test
    Serial0/0/1 2 2    test
  //以上两行表明 s0/0/0 和 s0/0/1 接口启用了认证
  Automatic network summarization is not in effect
  Maximum path: 4
  Routing for Networks:
   172.16.0.0
   192.168.10.0
```

```
    192.168.20.0
Passive Interface(s):
Routing Information Sources:
  Gateway          Distance        Last Update
  172.16.1.2         120            00:00:15
  172.16.3.1         120            00:00:23
Distance:(default is 120)
```

关于 MD5 认证，只需要在接口下声明认证模式为 MD5 即可，例如在 R1 上的配置如下：

```
R1(config)#key chain test           //定义钥匙链
R1(config-keychain)#key 1
R1(config-keychain-key)#key-string cisco
R1(config)#interface s0/0/0
R1(config-if)#ip rip authentication mode md5        //认证模式为 MD5
R1(config-if)#ip rip authentication key-chain test
```

注意事项：在认证的过程中，如果定义多个 keyID，明文认证和 MD5 认证的匹配原则是不一样的，如下所示。

(1) 明文认证的匹配原则如下。
- 发送方发送最小 Key ID 的密钥。
- 不携带 Key ID 号码。
- 接收方会和所有 Key Chain 中的密钥匹配，如果匹配成功，则通过认证。

(2) MD5 认证的匹配原则如下。
- 发送方发送最小 Key ID 的密钥。
- 携带 Key ID 号码。
- 接收方首先会查找是否有相同的 Key ID，如果有，只匹配一次，决定认证是否成功。如果没有该 Key ID，只向下查找下一跳，匹配，认证成功；不匹配，认证失败。

5. 实验思考问题

RIPv2 认证的意义？

5.5 RIP 路由配置基本命令汇总

表 5-2 RIP 路由配置基本命令汇总表

命　　令	作　　用
R1#show ip route	查看路由表
R1#show ip protocols	查看路由协议配置和统计信息
R1#show ip rip database	查看 RIP 数据库

续表

命 令	作 用
R1#debug ip rip	动态查看 RIP 的更新过程
R1#clear ip route *	清除路由表
R1（config）#router rip	启动 RIP 进程
R1（config-router）#network1.0.0.0	通告网络
R1（config-router）#version 2	定义 RIP 的版本
R1（config-router）#no auto-summary	关闭自动汇总
R1（config-if）#ip rip send version	配置 RIP 发送的版本
R1（config-if）#ip rip receive version	配置 RIP 接收的版本
R1（config-router）#passive-interface s0/1	配置被动接口
R1（config-router）#neighbor A.B.C.D	配置单播更新的目标
R1（config-if）#ip summary-address rip ip mask	配置 RIP 手工汇总
R1（config）#key chain lgm	定义钥匙链
R1（config-keychain）#key <0-2147483647>	配置 Key ID
R1（config-keychain-key）#key-string cisco	配置 Key ID 的密匙
R1（config-if）#ip rip triggered	配置触发更新
R1（config-if）#ip rip authentication mode md5/text	配置认证模式
R1（config-if）#ip rip authention key-chain lgm	配置认证使用的钥匙链
R1（config-router）#timers basic	配置更新的计时器
R1（config-router）#maximum-paths	配置等价路径的最大值
R1（config）#ip default-network	向网络中注入默认路由

第6章 EIGRP 路由配置

6.1 EIGRP 协议理论指导

Cisco 在 1985 年开发出其专有的路由协议 IGRP，IGRP 的问世解决了 RIPv1 的某些局限性，如使用跳数度量以及网络的最大跳数为 15 跳等。

IGRP 不使用跳数作为度量，而是使用由带宽、延迟、可靠性和负载组成的综合度量。默认情况下，这种协议仅使用带宽和延迟。但是由于 IGRP 是使用贝尔曼－福特（Bellman－Ford）算法和定期更新的一种有类路由算法，所以其应用在当今的许多网络中都受到了限制。于是，Cisco 使用新算法 DUAL 以及其他功能使 IGRP 得到增强，EIGRP 由此诞生了。Cisco 从 IOS 12.2（13）T 和 12.2（R1s4）S 开始不再支持 IGRP。

EIGRP 是一个混合型的路由协议，它结合了链路状态和距离矢量路由协议的优点，有以下的特点：

- 快速收敛；
- 减少带宽占用；
- 对多种网络层协议的支持；
- 增强的距离矢量能力；
- 100% 的无环路；
- 易于配置；
- 增量更新；
- 对 VLSM、不连续网络的无类路由的支持；
- 与 IGRP 兼容。

6.1.1 EIGRP 相关术语

邻居表：每台 EIGRP 路由器都维护着一个列有相邻路由器的路由表。该表与 OSPF 所使用的邻居表数据库相似。它们都服务于同一个目的，即确保在各直连邻居间的双向通信。EIGRP 为支持的每种网络协议都维护着一张邻居表，比如一张 ip 邻居表，一张 ipx 邻居表，一张 AppleTalk 邻居表。

拓扑结构表：EIGRP 路由器为所配置的每种网络协议都维护着一个拓扑结构表，分别为 IP、IPX 和 AppleTalk。所有被学到的目的地路由都被维护在拓扑结构表中。

路由表：EIGRP 从拓扑结构表中选择到目的地最佳的路由，并将这些路由放到路由表中。路由器为每种网络协议都维护着一个路由表。

后继路由：这是用来到达目的地的主要路由，后继路由被保存在路由表中。

可行性后继路由：这是一个通往目的地方向的下行邻居，但它不是最小开销的路径，并且也不被用来收发数据，换句话来说，这是一台到目的地的备份路由，这路由是与后继路由同时选择的，但是它们被保存在拓扑结构表中。该拓扑结构表可以为一个目的地维护

第 6 章　EIGRP 路由配置

多个可行性后继路由。

6.1.2　EIGRP 的可靠性

可靠传输协议（RTP）是 EIGRP 用于发送和接收 EIGRP 数据包的协议。由于 EIGRP 支持 IPX 和 Appletalk 协议，而且这两种协议不支持 TCP/IP 协议簇中的协议，于是 EIGRP 被设计为与网络层无关的路由协议，因此，它无法使用 UDP 或 TCP 的服务。

尽管其名称中有"可靠"字眼，RTP 其实包括 EIGRP 数据包的可靠传输和不可靠传输两种方式，它们分别类似于 TCP 和 UDP。可靠 RTP 需要接收方向发送方返回一个确认。不可靠的 RTP 数据包不需要确认。

RTP 能以单播或组播方式发送数据包。组播 EIGRP 数据包使用保留的组播地址 224.0.0.10。

6.1.3　邻居的发现

运行了 EIGRP 的路由器要想在路由器间交换 EIGRP 数据包，必须首先发现其邻居，EIGRP 的邻居是指在直连的共享网络上运行 EIGRP 的其他路由器。

建立邻居关系必须满足的 3 个条件如下：

- 收到 hello 数据包后的 ACK 信息；
- 具有匹配的 AS 号；
- 具有相同的度量（K 值）。

EIGRP 使用 Hello 数据包来发现相邻路由器并与之建立邻接关系。在大多数的 EIGRP 网络中，每 5 秒发送一次 EIGRP Hello 数据包。在多点 NBMA（非广播多路访问）网络上，例如 X.25、帧中继和带有 T1 [1.544 Mbps] 或更慢访问链路的 ATM 接口上，每 60 秒单播一次 Hello 数据包。EIGRP 路由器假定只要它还能收到邻居发来的 Hello 数据包，就认为该邻居及其路由仍然保持活动。

保留时间用于告诉路由器在宣告邻居无法到达前应等待该设备发送下一个 Hello 的最长时间。默认情况下，保留时间是 Hello 间隔时间的 3 倍，即在大多数网络上为 15 秒，在低速 NBMA 网络上则为 180 秒。保持时间的值可以通过"show ip eigrp neighborhors"命令来查看。保留时间超时后，EIGRP 将宣告该路由发生故障，而 DUAL 则将通过发出查询来寻找新路径。

6.1.4　EIGRP 的邻居表和拓扑表

1. 邻居表

邻居表是路由器用来存储与建立起邻居关系的信息的表，通过"show ip eigrp neighborhors"命令查看的邻居表如下：

```
Router#show ip eigrp neighbors
IP-EIGRP neighbors for process 1
H   Address          Interface     Hold Uptime    SRTT  RTO    Q    Seq
                                   (sec)          (ms)         Cnt  Num
0   172.16.3.1       Ser0/0/1      14   00:00:14  40    1000   0    7
1   172.16.1.2       Ser0/0/0      14   00:00:10  40    1000   0    10
```

71

EIGRP 为每种配置的网络协议都维护一个邻居表，该表的一些元素解释如下。

H（handle）——Cisco IOS 用来记录邻居的编号。

Address（邻居地址）——邻居的网络地址。

Interface（接口）——能够到达邻居的路由器接口。

Hold time（保持时间）——认为连接不可用之前，在没有接到来自邻居的任何数据包的情况下所等待的最长时间。

SRTT（邻居关系时间）——EIGRP 数据包被发送达到邻居和本地路由接收到邻居的确认之间所用的毫秒数。

RTO——软件在重传队列中的数据包重传给邻居之前所等待的时间，以毫秒计。

Queue（队列数量）——在队列中等待被发送的数据包数量。如果该值大于 0 就可能存在堵塞。

Seq（序列号）——从邻居所接收的上次更新、查询或答复数据包的序列号。

2. 拓扑结构表

当邻居动态地发现一个新邻居的时候，向新邻居发送一个有关它所知的路由的更新信息，并也从这个新邻居那里接收路由更新，这些更新信息被放入拓扑结构表中。拓扑结构表包含有相邻路由器所通告的所有目的地。可以用"show ip eigrp topology all－links"命令查看，但此命令只能显示 IP 路由的后继路由和可行性后继路由。有一点需要注意的是，如果邻居正在通告某个目的地，那么它必须是在这条路由转发数据包中的。所有距离矢量型路由都必须遵循这个规则。

拓扑结构表也为每个目的地维护了所通告的度量值，以及路由器用来达到目的地的度量值。路由器所采用的度量值是所有邻居通告的最佳度量值，加上该路由器到达最佳邻居的开销。当直连的路由或接口发生变化时，或者当相邻路由器报告了一条路由的变化时，拓扑结构表也进行更新。

6.1.5 弥散更新算法（Diffusing Update Algorithm，即 DUAL）

EIGRP 为选择并维护到达每个远程网络的最佳路径所使用的算法称为弥散更新算法。
它的特点如下：
- 保存备份路由；
- 支持 VLSM；
- 动态路由恢复；
- 如果不知道替代路由则查询邻居。

算法计算过程如下：

邻居通告发生了拓扑变化或路由尺度变化；在可行的继任者中查找是否有更好的尺度到达目标网络；如有，则成为继任者，并将新的尺度通告出去；如没有，则查询所有的邻居，直到所有邻居回复（邻居会再查询邻居，由此弥散出去。如网络断开，则回复 METRIC 为无穷）。

DUAL 最大的优点是收敛快，其原因就是如果不需要重算路由，就不会发生重算。

6.1.6　EIGRP 的度量

EIGRP 使用的度量有 5 个重要的组成要素：带宽、延迟、负载、可靠性、最大传输单元。EIGRP 通过将网络的链路的不同变量加权值求和来计算度量值。公式如下：

度量值 = K1 × 带宽 + [（K2 × 带宽）÷（256 – 负载）] + K3 × 延迟

变量值是通过常数 K1、K2 和 K3 进行加权的，默认值是 K1 = K3 = 1，K2 = 0，那么公式变为：

度量值 = 1 × 带宽 + [（0 × 带宽）÷（256 – 负载）] + 1 × 延迟
　　　 = 带宽 + 延迟

K 值在 hello 数据包上传送，不匹配的 K 值可能会导致邻居被复位（默认情况下，在度量值的计算中只使用 K1 和 K3）。只有在做了认真的计划后才能修改这些 K 值。改变这些值可能会阻止网络收敛。

注意事项：（1）延迟和带宽值的格式与那些通过 "show interface" 命令显示出来的有所不同。EIGRP 的延迟是路径中延迟的总和，再乘以 256。"show interface" 命令显示的延迟是以微秒为单位。

（2）带宽是用路径上的最小带宽进行计算的，以 kbit/s 为单位，最小带宽值除以 10^7，然后乘以 256，得到带宽。

6.1.7　自治系统和 ID

自治系统（AS）是由单个实体管理的一组网络，这些网络通过统一的路由策略连接到 Internet。如图 6 – 1 中，A、B 两家公司全部由 ISP1 管理和控制。ISP1 在代表这些公司向 ISP2 通告路由时，会提供一个统一的路由策略。

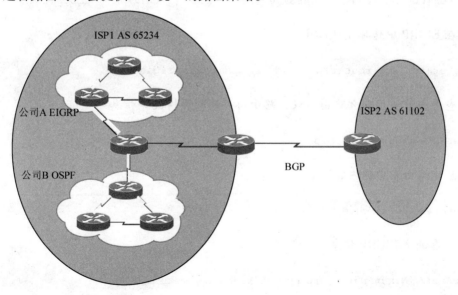

图 6 – 1　AS 和 ID

需要自治系统编号的通常为 ISP（Internet 服务提供商）、Internet 主干提供商以及连接其他实体的大型机构。这些 ISP 和大型机构使用外部网关路由协议 BGP（边界网关协议）来传播路由信息。BGP 是唯一一个在配置中使用实际自治系统编号的路由协议。

EIGRP 和 OSPF 都使用一个进程 ID 来代表各自在路由器上运行的协议实例。

```
Router(config)#router eigrp autonomous-system
```

尽管 EIGRP 将该参数称为"自治系统"编号，但它实际上起进程 ID 的作用。此编号与前面谈到的自治系统编号无关，可以为其分配任何 16 位值。如：

```
Router(config)#router eigrp 1
```

在本例中，编号 1 用于标识在此路由器上运行的此特定 EIGRP 进程。为建立邻接关系，EIGRP 要求使用同一个进程 ID 来配置同一个路由域内的所有路由器。一般来说，在一台路由器上，只会为每个路由协议配置一个进程 ID。

6.1.8 EIGRP 的基本配置命令

1. 启用 EIGRP

```
Router(config)#route eigrp{autonomous-system}
```

2. 在 EIGRP 中宣告网络

```
Router(config-router)#network {network-number} [network-mask]
```

3. 停止不需要的 EIGRP 更新的端口

```
Router(config-router)#passive-interface  {interface-number}
```

4. 在 EIGRP 中传播默认路由

```
Router(config-router)default-information originate
```

5. 查看当前使用什么路由协议、路由协议的配置情况等信息

```
Router#show ip protocols
```

6. 显示路由表中的内容

```
Router#show ip route
```

7. 查看调试 EIGRP 信息

```
Router#(no)debug ip eigrp {fsm|neighbors|packet}
```

使用前缀"no"关闭调试信息。当该命令开启后路由器会显示所有与 EIGRP 有关的行为，包括何时、从哪里收到了多少数据包，发送了多少数据包等。

8. 禁用路由的自动汇总

```
Router(config-router)#no auto-summary
```

9. 查看 EIGRP 邻居

```
Router#show ip eigrp neighbors
```

10. 查看 EIGRP 拓扑表

```
Router#show ip eigrp topology [autonomous-system-number |[[ip-address] mask]]
```

11. 查看运行 EIGRP 协议的接口

```
Router#show ip eigrp interfaces autonomous-system
```

6.2 实验 1：EIGRP 基本配置

1. 实验目的

（1）在路由器上启动 EIGRP 路由进程。
（2）启用参与路由协议的接口，并且通告网络。
（3）EIGRP 度量值的计算方法。
（4）可行距离（FD）、通告距离（RD）以及可行性条件（FC）。
（5）邻居表、拓扑表以及路由表的含义。
（6）查看和调试 EIGRP 路由协议相关信息。

2. 虚拟场景

某学校有 3 个校区，每个校区有一台路由器与其他校区相连，3 台路由器采用环状串行线路连接，用 EIGRP 协议使 3 个校区相互通信。

3. 实验拓扑

如图 6-2 所示。

4. 实验步骤

步骤 1：按图 6-2 所示为各路由器配置端口 IP 地址并开启，为串口配置时钟。
步骤 2：配置路由器 R1。

```
R1(config)#router eigrp 1
R1(config-router)#no auto-summary
R1(config-router)#network192.168.1.0
R1(config-router)#network 172.16.1.0 255.255.255.252
R1(config-router)#network 172.16.3.0 255.255.255.252
```

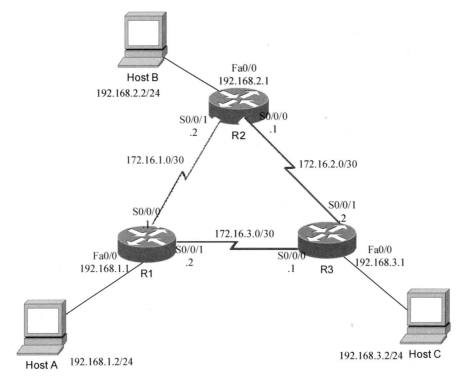

图6-2 EIGRP 的简单配置

步骤3：配置路由器 R2。

```
R2(config)#router eigrp 1
R2(config-router)#no auto-summary
R2(config-router)#network 192.168.2.0
R2(config-router)#network 172.16.1.0 255.255.255.252
R2(config-router)#network 172.16.2.0 255.255.255.252
```

步骤4：配置路由器 R3。

```
R3(config)#router eigrp 1
R3(config-router)#no auto-summary
R3(config-router)#network 192.168.3.0
R3(config-router)#network 172.16.2.0 255.255.255.252
R3(config-router)#network 172.16.3.0 255.255.255.252
```

注意事项：EIGRP 协议在通告网段时，如果是有类网络（即标准 A、B、C 类的网络，或者说没有划分子网的网络），只需输入此网络地址；如果是子网的话，则最好在网络号后面写子网掩码或者反掩码，这样可以避免将所有的子网都加入 EIGRP 进程中。反掩码是用广播地址（255.255.255.255）减去子网掩码得到的。如掩码地址是 255.255.248.0，则反掩码地址是 0.0.7.255。在高级的 IOS 中也支持网络掩码的写法。运行 EIGRP 的整个网络 AS 号码必须一致，其范围为 1~65535。

5. 实验调试及注意事项

(1) show ip route

```
R1#show ip route
Codes:C-connected,S-static,I-IGRP,R-RIP,M-mobile,B-BGP
      D-EIGRP,EX-EIGRP external,O-OSPF,IA-OSPF inter area
      N1-OSPF NSSA external type 1,N2-OSPF NSSA external type 2
      E1-OSPF external type 1,E2-OSPF external type 2,E-EGP
      i-IS-IS,L1-IS-IS level-1,L2-IS-IS level-2,ia-IS-IS inter area
      *-candidate default,U-per-user static route,o-ODR
      P-periodic downloaded static route
Gateway of last resort is not set
     172.16.0.0/30 is subnetted,3 subnets
C       172.16.1.0 is directly connected,Serial0/0/0
D       172.16.2.0 [90/2681856] via172.16.3.1,00:47:52,Serial0/0/0
                   [90/2681856] via172.16.1.2,00:47:52,Serial0/0/1
C       172.16.3.0 is directly connected,Serial0/0/1
C    192.168.1.0/24 is directly connected,FastEthernet0/0
D    192.168.2.0/24 [90/2172416] via 172.16.1.2,00:47:52,Serial0/0/0
D    192.168.3.0/24 [90/2172416] via 172.16.3.1,00:47:52,Serial0/0/1
```

注意事项：以上输出表明路由器 R1 通过 EIGRP 学到了 3 条 EIGRP 路由条目，管理距离是 90，注意 EIGRP 协议代码用字母"D"表示，如果通过重分布方式进入 EIGRP 网络的路由条目，默认管理距离为 170，路由代码用"D EX"表示，也说明 EIGRP 路由协议能够区分内部路由和外部路由。

(2) show ip protocols

```
R1#show ip protocols
Routing Protocol is "eigrp 1"
  Outgoing update filter list for all interfaces is not set
  Incoming update filter list for all interfaces is not set
  Default networks flagged in outgoing updates
  Default networks accepted from incoming updates
  EIGRP metric weight K1=1, K2=0, K3=1, K4=0, K5=0
//显示计算度量值所用的 K 值
  EIGRP maximum hopcount 100
  EIGRP maximum metric variance 1
// variance 值默认为 1，即默认时只支持等价路径的负载均衡
Redistributing: eigrp 1
  Automatic network summarization is not in effect
  //显示自动汇总已经关闭，默认自动汇总是开启的
Maximum path: 4
Routing for Networks:
    192.168.1.0
    172.16.0.0
    172.16.1.0/30
```

```
Routing Information Sources:
    Gateway         Distance        Last Update
    172.16.1.2      90              6
    172.16.3.1      90              109
Distance:internal 90 external 170
```

(3) show ip eigrp neighbors

```
R1#show ip eigrp neighbors
IP-EIGRP neighbors for process 1
H   Address         Interface       Hold Uptime     SRTT    RTO     Q       Seq
                                    (sec)           (ms)            Cnt     Num
0   172.16.1.2      Ser0/0/0        10   00:52:31   40      1000    0       8
1   172.16.3.1      Ser0/0/1        13   00:52:31   40      1000    0       8
```

以上输出各字段的含义如下。

H：表示与邻居建立会话的顺序。

Address：邻居路由器的接口地址。

Interface：本地到邻居路由器的接口。

Hold：认为邻居关系不存在所能等待的最大时间。

Uptime：从邻居关系建立到目前的时间。

SRTT：是向邻居路由器发送一个数据包以及本路由器收到确认包的时间。

RTO：路由器在重新传输包之前等待ACK的时间。

Q Cnt：等待发送的队列。

Seq Num：从邻居收到的发送数据包的序列号。

注意事项：运行EIGRP路由协议的路由器不能建立邻居关系的可能原因有以下两点。
- EIGRP进程的AS号码不同。
- 计算度量值的K值不同。

(4) show ip eigrp topology

```
R1#show ip eigrp topology
IP-EIGRP Topology Table for AS 1
Codes:P-Passive,A-Active,U-Update,Q-Query,R-Reply,
      r-Reply status
P 192.168.1.0/24,1 successors,FD is 28160
        via Connected,FastEthernet0/0
P 172.16.3.0/30,1 successors,FD is 2169856
        via Connected,Serial0/0/1
P 172.16.1.0/30,1 successors,FD is 2169856
        via Connected,Serial0/0/0
P 192.168.2.0/24,1 successors,FD is 2172416
        via 172.16.1.2(2172416/28160),Serial0/0/0
        via 172.16.3.1(2684416/2172416),Serial0/0/1
P 172.16.2.0/30,2 successors,FD is 2681856
        via 172.16.1.2(2681856/2169856),Serial0/0/0
        via 172.16.3.1(2681856/2169856),Serial0/0/1
```

```
P 192.168.3.0/24,1 successors,FD is 2172416
        via 172.16.3.1(2172416/28160),Serial0/0/1
        via 172.16.1.2(4294967295/2172416),Serial0/0/0
```

以上输出可以清楚地看到每条路由条目的 FD 和 RD 的值。而拓扑结构数据库中状态代码最常见的是"P"、"A"和"S",含义如下。

P:代表 passive,表示网络处于收敛的稳定状态。

A:代表 active,当前网络不可用,正处于发送查询状态。

S:在 3 分钟内,如果被查询的路由没有收到回应,查询的路由就被置为"stuck inactive"状态。

注意事项:(1)可行距离(FD):到达一个目的网络的最小度量值。

(2)通告距离(RD):邻居路由器所通告的它自己到达目的网络的最小的度量值。

(3)可行性条件(FC):是 EIGRP 路由器更新路由表和拓扑表的依据。可行性条件可以有效地阻止路由环路,实现路由的快速收敛。可行性条件的公式为:RD < FD。

(5) show ip eigrp interfaces

```
R1#show ip eigrp interfaces
IP-EIGRP interfaces for process 1
                Xmit Queue   Mean   Pacing Time   Multicast    Pending
Interface   Peers Un/Reliable SRTT  Un/Reliable   Flow Timer   Routes
Fa0/0         0    0/0        1236    0/10           0           0
Ser0/0/1      1    0/0        1236    0/10           0           0
Ser0/0/0      1    0/0        1236    0/10           0           0
```

以上输出各字段的含义如下。

Interface:运行 EIGRP 协议的接口。

Peers:该接口的邻居的个数。

Xmit Queue Un/Reliable:在不可靠/可靠队列中存留的数据包的数量。

Mean SRTT:平均的往返时间,单位是秒。

Pacing Time Un/Reliable:用来确定不可靠/可靠队列中数据包被送出接口的时间间隔。

Multicast Flow Timer:组播数据包被发送前最长的等待时间。

Pending Routes:在传送队列中等待被发送的数据包携带的路由条目。

(6) show ip eigrp traffic

```
R1#show ip eigrp traffic
IP-EIGRP Traffic Statistics for process 1
  Hellos sent/received:2338/1556
  Updates sent/received:10/8
  Queries sent/received:0/0
  Replies sent/received:0/0
  Acks sent/received:2/5
  Input queue high water mark 1,0 drops
```

```
    SIA-Queries sent/received:0/0
    SIA-Replies sent/received:0/0
```
以上输出显示了 EIGRP 发送和接收到的数据包的统计情况。

（7）debug eigrp packets

```
R1#debug eigrp packets
EIGRP Packets debugging is on
    (UPDATE,REQUEST,QUERY,REPLY,HELLO,ACK )
R1#
EIGRP:Received HELLO on Serial0/0/0 nbr 172.16.1.2
   AS 1,Flags 0x0,Seq 9/0 idbQ 0/0
EIGRP:Sending HELLO on FastEthernet0/0
   AS 1,Flags 0x0,Seq 11/0 idbQ 0/0 iidbQ un/rely 0/0
EIGRP:Received HELLO on Serial0/0/1 nbr 172.16.3.1
   AS 1,Flags 0x0,Seq 9/0 idbQ 0/0
EIGRP:Sending HELLO on Serial0/0/1
   AS 1,Flags 0x0,Seq 11/0 idbQ 0/0 iidbQ un/rely 0/0
EIGRP:Sending HELLO on Serial0/0/0
   AS 1,Flags 0x0,Seq 11/0 idbQ 0/0 iidbQ un/rely 0/0
EIGRP:Received HELLO on Serial0/0/0 nbr 172.16.1.2
   AS 1,Flags 0x0,Seq 9/0 idbQ 0/0
EIGRP:Sending HELLO on FastEthernet0/0
   AS 1,Flags 0x0,Seq 11/0 idbQ 0/0 iidbQ un/rely 0/0
EIGRP:Received HELLO on Serial0/0/1 nbr 172.16.3.1
   AS 1,Flags 0x0,Seq 9/0 idbQ 0/0
```

以上输出显示 R2 发送和接收的 EIGRP 数据包，由于当前网络是收敛的，所以只有 HELLO 数据包发送和接收的报告。

注意事项：在 EIGRP 中，有 5 种类型的数据包，如下所示。

- Hello：以组播的方式定期发送，用于建立和维持邻居关系。
- 更新：当路由器收到某个邻居路由器的第一个 Hello 包时，以单播传送方式回送一个包含它所知道的路由信息的更新包。当路由信息发生变化时，以组播的方式发送只包含变化信息的更新包。
- 查询：当一条链路失效，路由器重新进行路由计算，但在拓扑表中没有可行的后继路由时，路由器就以组播的方式向它的邻居发送一个查询包，以询问它们是否有一条到目的地的后继路由。
- 答复：以单播的方式回传给查询方，对查询数据包进行应答。
- 确认：以单播的方式传送，用来确认更新、查询、答复数据包。

6.3 实验 2：EIGRP 负载均衡、汇总和认证

1. 实验目的

（1）EIGRP 等价负载均衡的实现方法。

(2) EIGRP 非等价负载均衡的实现方法。
(3) 修改 EIGRP 度量值的方法。
(4) 可行距离（FD）、通告距离（RD）以及可行性条件（FC）的深层含义。

2. 虚拟场景

从路由器 R1 通往中路由器 R3 有两条路径，用 EIGRP 协议实现负载均衡与非负载均衡。

3. 实验拓扑

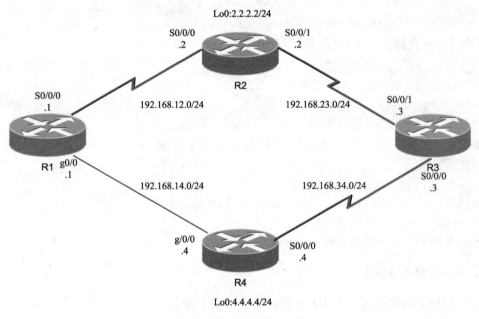

图 6-3 EIGRP 负载均衡

4. 实验步骤

步骤 1：配置路由器 R2。

```
R2>enabled
R2#config terminal
R2(config)#inter s0/0/0
R2(config-if)# ip address 192.168.12.2 255.255.255.0
R2(config-if)#clock rate 64000
R2(config-if)#no shutdown
R2(config-if)#inter s0/0/1
R2(config-if)# ip address 192.168.23.2 255.255.255.0
R2(config-if)#clock rate 64000
R2(config-if)#no shutdown
R2(config-if)#inter loopback 0
R2(config-if)# ip address 2.2.2.2 255.255.255.0
R2(config-if)#no shutdown
```

//上面为路由器接口配置IP地址、时钟并开启,下面配置EIGRP协议
R2(config)#router eigrp 1
R2(config-router)#no auto-summary
R2(config-router)#network 192.168.12.0
R2(config-router)#network 192.168.23.0
R2(config-router)#network2.2.2.0 255.255.255.0

步骤2：配置路由器R1（配置接口IP等命令参考步骤1）。

R1(config)#router eigrp 1
R1(config-router)#no auto-summary
R1(config-router)#network 192.168.14.0
R1(config-router)#network 192.168.12.0

步骤3：配置路由器R3（配置接口IP等命令参考步骤1）。

R3(config)#router eigrp 1
R3(config-router)#no auto-summary
R3(config-router)#network 192.168.23.0
R3(config-router)#network 192.168.34.0

步骤4：配置路由器R4（配置接口IP等命令参考步骤1）。

R4(config)#router eigrp 1
R4(config-router)#no auto-summary
R4(config-router)#network4.4.4.0 255.255.255.0
R4(config-router)#network 192.168.34.0
R4(config-router)#network 192.168.14.0

5. 实验调试及注意事项

（1）按照上面的配置，在R4查看路由表，如下所示：

R4#show ip route
Codes:C-connected,S-static,R-RIP,M-mobile,B-BGP
D-EIGRP,EX-EIGRP external,O-OSPF,IA-OSPF inter area
N1-OSPF NSSA external type 1,N2-OSPF NSSA external type 2
E1-OSPF external type 1,E2-OSPF external type 2
i-IS-IS,su-IS-IS summary,L1-IS-IS level-1,L2-IS-IS level-2
ia-IS-IS inter area,*-candidate default,U-per-user static route
o-ODR,P-periodic downloaded static route
Gateway of last resort is not set
D 192.168.12.0/24 [90/20514560] via 192.168.14.1,00:00:15,GigabitEthernet0/0
2.0.0.0/24 is subnetted,1 subnets
D2.2.2.0 [90/20642560] via 192.168.14.1,00:00:15,GigabitEthernet0/0
C 192.168.14.0/24 is directly connected,GigabitEthernet0/0 4.0.0.0/24 is subnetted,1 subnets
C4.4.4.0 is directly connected,Loopback0
D 192.168.23.0/24 [90/21024000] via 192.168.34.3,00:00:15,Serial0/0/0
C 192.168.34.0/24 is directly connected,Serial0/0/0

本实验只关注路由器R2的Loopback0,虽然路由器R4到达路由器R2的Loopback0有

两条路径，但是路由器会将 FD 最小的放入路由表，选择走 g0/0 接口。那么另外一条路径是不是可行后继路由呢？在路由器 R4 上查看拓扑表如下：

```
R4#show ip eigrp topology
IP-EIGRP Topology Table for AS(1)/ID(4.4.4.4)
Codes:P-Passive,A-Active,U-Update,Q-Query,R-Reply,
r-reply Status,s-sia Status
P 2.2.2.0/24,1 successors,FD is 20642560
  via 192.168.14.1(20642560/20640000),GigabitEthernet0/0
  via 192.168.34.3(21152000/20640000),Serial0/0/0
P 4.4.4.0/24,1 successors,FD is 128256
  via Connected,Loopback0
P 192.168.34.0/24,1 successors,FD is 20512000
  via Connected,Serial0/0/0
P 192.168.12.0/24,1 successors,FD is 20514560
  via 192.168.14.1(20514560/20512000),GigabitEthernet0/0
P 192.168.14.0/24,1 successors,FD is 28160
  via Connected,GigabitEthernet0/0
P 192.168.23.0/24,1 successors,FD is 21024000
  via 192.168.34.3(21024000/20512000),Serial0/0/0
```

从上面的输出中可以看到，第二条路径（走 s0/0/0 接口）的 RD 为 20640000，而最优路由（走 g0/0 接口）的 FD 为 20642560，RD＜FD，满足可行性条件，所以第二条路径（走 s0/0/0 接口）是最优路由（走 g0/0 接口）的可行后继。

注意事项： 后继是一个直接连接的邻居路由器，通过它到达目的网络的路由最优。可行后继是一个邻居路由器，通过它到达目的地的度量值比其他路由器高，但它的通告距离小于通过后继路由器到达目的网络的可行距离，因而被保存在拓扑表中，用做备份路由。

（2）通过适当的配置，使得在路由器 R4 上看 R2 的 Loopback0 的路由条目为等价路由，从而实现等价负载均衡。根据前面讲的 EIGRP 度量值的计算公式，这两条路径的最小带宽是相同的，只要它们的延迟之和相同，就是等价路由，为此，在路由器 R4 上做如下的配置：

```
R4(config)#interface gigabitEthernet 0/0
R4(config-if)#delay 2000
```

注意事项： 在接口下用 delay 命令修改的延迟，在计算度量值时，不需要再除以 10。

在 R4 上查看路由表：

```
R4#show ip route eigrp
Codes:C-connected,S-static,R-RIP,M-mobile,B-BGP
      D-EIGRP,EX-EIGRP external,O-OSPF,IA-OSPF inter area
      N1-OSPF NSSA external type 1,N2-OSPF NSSA external type 2
      E1-OSPF external type 1,E2-OSPF external type 2
      i-IS-IS,su-IS-IS summary,L1-IS-IS level-1,L2-IS-IS level-2
      ia-IS-IS inter area,*-candidate default,U-per-user static route
```

```
o - ODR,P - periodic downloaded static route
Gateway of last resort is not set
D 192.168.12.0/24
 [90/21024000] via 192.168.14.1,00:00:15,GigabitEthernet0/0
2.0.0.0/24 is subnetted,1 subnets
D2.2.2.0 [90/21152000] via 192.168.34.3,00:00:15,Serial0/0/0
 [90/21152000] via 192.168.14.1,00:00:15,GigabitEthernet0/0
D 192.168.23.0/24 [90/21024000] via 192.168.34.3,00:00:15,Serial0/0/0
```

以上输出表明路由条目"2.2.2.0"确实有两条等价路径,表明 EIGRP 是支持等价负载均衡的。

(3) 将 R4 的以太口 g0/0 的 delay 恢复到原来的值,通过"variance"命令来研究 EIGRP 的非等价负载均衡。在步骤(1)的结果中发现,对于"2.2.2.0"路由条目,在路由器 R4 的拓扑结构数据库中存在如下的记录:

```
P 2.2.2.0/24,1 successors,FD is 20642560
    via 192.168.14.1(20642560/20640000),GigabitEthernet0/0
    via 192.168.34.3(21152000/20640000),Serial0/0/0
```

现在只需要在 R4 的路由器上调整 variance 的值,使得这两条路径在路由表中都可见和可用,R4 上的配置如下:

```
R4(config)#router eigrp 1
R4(config-router)#variance 2
```

在 R4 上查看路由表,如下所示:

```
R4#show ip route eigrp
Codes:C - connected,S - static,R - RIP,M - mobile,B - BGP
D - EIGRP,EX - EIGRP external,O - OSPF,IA - OSPF inter area
N1 - OSPF NSSA external type 1,N2 - OSPF NSSA external type 2
E1 - OSPF external type 1,E2 - OSPF external type 2
i - IS - IS,su - IS - IS summary,L1 - IS - IS level - 1,L2 - IS - IS level - 2
ia - IS - IS inter area,* - candidate default,U - per - user static route
o - ODR,P - periodic downloaded static route
Gateway of last resort is not set
D 192.168.12.0/24
 [90/20514560] via 192.168.14.1,00:00:02,GigabitEthernet0/0
2.0.0.0/24 is subnetted,1 subnets
D2.2.2.0 [90/21152000] via 192.168.34.3,00:00:02,Serial0/0/0
 [90/20642560] via 192.168.14.1,00:00:02,GigabitEthernet0/0
D 192.168.23.0/24 [90/21024000] via 192.168.34.3,00:00:02,Serial0/0/0
```

以上输出表明路由条目"2.2.2.0"有两条路径可达,但是它们的度量值不同,这就是所说的非等价路由,从而证明 EIGRP 是支持非等价负载均衡的。

注意事项:EIGRP 非等价负载均衡是通过"variance"命令实现的,"variance"默认是 1(即代表等价路径的负载均衡);variance 值的范围是 1~128,这个参数代表了可以接收的不等价路径的度量值的倍数,在这个范围内的链路都将被接收,并且被放入路由表中。

6.4 实验3：EIGRP 认证

1. 实验目的

通过本实验可以掌握 EIGRP 路由协议认证的配置和调试。

2. 虚拟场景

假设某高校的校园网络中的4个学院：工商、计算机、新闻、自动化，各有一台路由器分别是 GS、JSJ、XW、ZDH，现需要用 EIGRP 配置路由器来实现通信。

3. 实验拓扑

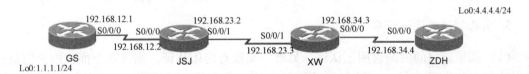

图 6-4 实验3 拓扑图

4. 实验步骤

步骤1：配置路由器 R1。

```
R1(config)#key chain ccnp
R1(config-keychain)# key 1
R1(config-keychain-key)#key-string cisco
R1(config)#interface s0/0/0
R1(config-if)#ip authentication mode eigrp 1 md5   //认证模式为 MD5
R1(config-if)#ip authentication key-chain eigrp 1 ccnp
//在接口上调用钥匙链
```

步骤2：配置路由器 R2。

```
R2(config)#key chain ccnp
R2(config-keychain)# key 1
R2(config-keychain-key)#key-string cisco
R2(config)#interface s0/0/0
R2(config-if)#ip authentication mode eigrp 1 md5
R2(config-if)#ip authentication key-chain eigrp 1 ccnp
R2(config)#interface s0/0/1
R2(config-if)#ip authentication mode eigrp 1 md5
R2(config-if)#ip authentication key-chain eigrp 1 ccnp
```

步骤3：配置路由器 R3。

```
R3(config)#key chain ccnp
R3(config-keychain)# key 1
R3(config-keychain-key)#key-string cisco
```

```
R3(config)#interface s0/0/0
R3(config-if)#ip authentication mode eigrp 1 md5
R3(config-if)#ip authentication key-chain eigrp 1 ccnp
R3(config)#interface s0/0/1
R3(config-if)#ip authentication mode eigrp 1 md5
R3(config-if)#ip authentication key-chain eigrp 1 ccnp
```

步骤4：配置路由器 R4。

```
R4(config)#key chain ccnp
R4(config-keychain)# key 1
R4(config-keychain-key)#key-string cisco
R4(config)#interface s0/0/0
R4(config-if)#ip authentication mode eigrp 1 md5
R4(config-if)#ip authentication key-chain eigrp 1 ccnp
```

5. 实验调试及注意事项

（1）如果链路的一端启用了认证，另外一端没有启用认证，则出现下面的提示信息：

```
* Feb 10 05:46:11.119:% DUAL-5-NBRCHANGE:IP-EIGRP(0)1:Neighbor 192.168.12.2
(Serial0/0/0)is down:authentication mode changed
```

（2）如果钥匙链的密匙不正确，则出现下面的提示信息：

```
* Feb 10 05:47:08.122:% DUAL-5-NBRCHANGE:IP-EIGRP(0)1:Neighbor 192.168.12.1
(Serial0/0/0)is down:Auth failure
```

6.5 EIGRP 路由配置命令汇总

表 6-1 EIGRP 路由配置命令汇总表

命　令	作　用
R1#show ip eigrp neighbors	查看 EIGRP 邻居表
R1#show ip eigrp topology	查看 EIGRP 拓扑结构数据库
R1#show ip eigrp interface	查看运行 EIGRP 路由协议的接口的状况
R1#show ip eigrp traffic	查看 EIGRP 发送和接收到的数据包的统计情况
R1#debug eigrp neighbors	查看 EIGRP 动态建立邻居关系的情况
R1#debug eigrp packets	显示发送和接收的 EIGRP 数据包
R1（config-if）#ip hello-interval eigrp	配置 EIGRP 的 HELLO 发送周期
R1（config-if）#ip hold-time eigrp	配置 EIGRP 的 HELLO hold 时间
R1（config）#router eigrp number	启动 EIGRP 路由进程
R1（config）#no auto-summary	关闭自动汇总
R1（config-if）#ip authentication mode eigrp	配置 EIGRP 的认证模式

续表

命　　令	作　　用
R1（config – if）#ip authentication key – chain eigrp	在接口上调用钥匙链
R1（config – router）#variance	配置非等价负载均衡
R1（config – if）#delay ＜1 – 16777215＞	配置接口下的延迟
R1（config – if）#bandwidth 100	配置接口下的带宽
R1（config – if）#ip summary – address eigrp	手工路由汇总
R1（config – route）#passive – interface interfaceNO	停止不需要 EIGRP 更新端口

第 7 章　OSPF 路由配置

7.1　OSPF 协议理论指导

开放最短链路优先（Open Shortest Path First，即 OSPF）路由协议是典型的链路状态路由协议。OSPF 由 IETF 在 20 世纪 80 年代末期开发，OSPF 是 SPF 类路由协议中的开放式版本。

OSPF 通过 Dijkstra 算法来工作，OSPF 的特性如下：
- 可适应大规模网络；
- 收敛速度快；
- 无路由环路；
- 支持 VLSM 和 CIDR；
- 支持等价路由；
- 支持区域划分，构成结构化的网络；
- 提供路由分级管理；
- 支持简单口令和 MD5 认证；
- 以组播方式传送协议报文；
- OSPF 路由协议的管理距离是 110；
- OSPF 路由协议采用 cost 作为度量标准；
- OSPF 维护邻居表、拓扑表和路由表。

7.1.1　OSPF 相关术语

链路：链路就是给定网络的一个路由接口，当一个接口加入到该 OSPF 的处理时它就被 OSPF 认为是一个链路，该链路或接口将有一个指定给它的状态信息（开启或关闭，激活或失效）和一个 IP 或多个 IP 地址。

路由器 ID：路由器 ID 是一个用来标识此路由器的 IP 地址。Cisco 通过使用所有配置的环回接口中的最高 IP 地址来指定路由器的 ID，如果没有带地址的环回接口，则 OSPF 将选择所有激活接口的物理端口中最高的 IP 地址为其 ID。

邻居：连接到相同的网络的路由器具有邻居关系。

HELLO 协议：用于 OSPF 的邻居发现和维护的协议。

邻居关系数据库：已建立双向通信的所有路由器的列表。

拓扑数据库：也称为链路状态数据库，是 OSPF 用来存储网络中所有其他路由器的链路状态条目的列表。它代表了网络的拓扑结构，在一个区域的所有路由器都有相同的链路状态数据库，该链路状态数据库由各路由器生成的 LSA 组成。

链路状态通告（Link-State Advertisement，LSA）：它是一个 OSPF 的数据包，含有路由器中共享的链路状态和路由信息。

指定路由器：指定路由器（Designated Router，即 DR）是一个运行开放最短路径优先（OSPF）的路由器，其为一个多路接入网络产生 LSAs，在运行 OSPF 时有其他特殊的功能。每个多路接入 OSPF 网络最少有两个附加路由器，有一个路由器是被 OSPF Hello 协议推选的。这个指定路由器能够使多路接入网络需要的邻接的数量减少，进而减少路由协议通信的数量和拓扑数据库的大小。

备用指定路由器（Backup Designated Router，即 BDR）：指定路由器的备用。

注意事项： DR 的选择是通过 OSPF 的 Hello 数据包来完成的，在 OSPF 路由协议初始化的过程中，会通过 Hello 数据包在一个广播性网段上选出一个 ID 最大的路由器作为指定路由器 DR，并且选出 ID 次大的路由器作为备份指定路由器 BDR，BDR 在 DR 发生故障后能自动替代 DR 的所有工作。当一个网段上的 DR 和 BDR 选择产生后，该网段上的其余所有路由器都只与 DR 及 BDR 建立相邻关系。

OSPF 的区域：指一组相邻的网络和路由器，在同一区域的路由器共享一个区域 ID。由于路由器可以同时是多个区域的成员，因此区域 ID 被指定给此路由器的特定接口，这样路由器上的某些接口可以属于区域 1，其他的则可以属于别的区域，所有在同一区域中的路由器具有相同的拓扑表。

广播：广播网络就像以太网，它允许多台设备连接（或者是访问）到同一个网络，它是通过投递单一数据包到网络中所有的节点来提供广播能力的，在 OSPF 网络中，每个广播多路访问网络都必须选出一个 DR 和 BDR。

非广播多路访问（NO Broadcast Multi-Access，即 NBMA）：网络允许多路访问但不拥有如以太网那样的广播能力。因此为实现恰当的功能，NBMA 网络需要特殊的 OSPF 配置，并且邻居关系必须详细定义。

点到点：连接一对路由器的网络，一条专用的串行线路就是点到点网络的一个例子。

点到多点：这种拓扑包含有路由器上的某个单一接口与多个目的路由器间的一系列连接。

7.1.2 SPF 算法

SPF 算法是 OSPF 路由协议的基础。SPF 算法有时也被称为 Dijkstra 算法，这是因为最短路径优先算法 SPF 是 Dijkstra 发明的。SPF 算法将每一个路由器作为根（ROOT）来计算其到每一个目的地路由器的距离，每一个路由器根据一个统一的数据库会计算出路由域的拓扑结构图，该结构图类似于一棵树，在 SPF 算法中，被称为最短路径树。在 OSPF 路由协议中，最短路径树的树干长度，即 OSPF 路由器至每一个目的地路由器的距离，称为 OSPF 的 cost，其算法为：cost = 10^8/链路带宽，在这里，链路带宽以 bps 来表示。也就是说，OSPF 的 cost 与链路的带宽成反比，带宽越高，cost 越小，表示 OSPF 到目的地的距离越近。例如：FDDI 或快速以太网的 cost 为 1，2M 串行链路的 cost 为 48，10M 以太网的 cost 为 10，等等。

7.1.3 OSPF 的负载均衡

默认状态下，在路由表中保存 4 条到同一条目的地的等价路由以进行负载均衡，但是可以通过"maximum paths"命令配置路由器，最多可得到 6 条到同一目的地的等价路由。

有时候一条链路（如串行链路）可能会快速的 up 和 down（被称为"翻动"，即 Flapping）。在这些情况下，将会产生一系列 LSU（Link State Update），它将使路由器不断重复计算一个新的路由表，尤其是这种翻动可能会特别严重以至于路由器永远不能收敛。要将这个问题的影响减至最小，每次接收到一个 LSU 的路由器在重新计算它的路由表之前等待一段时间，这段时间的默认值是 5 秒。在 Cisco IOS 软件中的"timers spf delay holdtime"路由配置命令可以对该值（即两次连续的 SPF 计算之间的最短时间）进行配置。

7.1.4 OSPF 的基本配置命令

1. 启用 OSPF

```
Router(config)# router ospf {process-id}
```

2. 在 EIGRP 中宣告网络

```
Router(config-router)# network {network-number} {wildcard-mask} area {area-id}
```

3. 停止不需要的 OSPF 更新的端口

```
Router(config-router)#passive-interface {interface-number}
```

4. 在 EIGRP 中传播默认路由

```
Router(config-router)default-information originate
```

5. 查看当前使用什么路由协议，路由协议的配置情况等信息

```
Router#show ip protocols
```

6. 显示路由表中的内容

```
Router#show ip route
```

7. 配置路由器 ID

```
Router(config-router)#router-id{network-number}
```

8. 查看 OSPF 邻居的基本信息

```
Router#show ip ospf neighbor
```

9. 查看 OSPF 拓扑结构数据库

```
Router#show ip ospf database
```

10. 查看 OSPF 路由器接口的信息

```
Router#show ip ospf interface
```

11. 查看 OSPF 进程及其细节

```
Router#show ip ospf
```

12. 显示 OSPF 邻接关系创建或中断的过程

```
Router#debug ip ospf adj
```

13. 显示 OSPF 发生的事件

```
Router#debug ip ospf events
```

14. 显示路由器收到的所有的 OSPF 数据包

```
Router#debug ip ospf packet
```

15. 清除 OSPF 进程

```
Router#clear ip ospf process
```

16. 启动区域简单口令认证

```
Router(config-router)#area area-id authentication
```

17. 配置认证密码

```
Router(config-router)#ip ospf authentication-key {password}
```

7.2 实验1：单区 OSPF 基本配置

1. 实验目的

（1）在路由器上启动 OSPF 路由进程。
（2）启用参与路由协议的接口，并且通告网络及所在的区域。
（3）度量值 cost 的计算。
（4）hello 相关参数的配置。
（5）点到点链路上的 OSPF 的特征。
（6）查看和调试 OSPF 路由协议相关信息。

2. 虚拟场景

某学校有 3 个校区，每个校区有一台路由器与其他校区相连，3 台路由器采用环状串行线路连接，用单区 OSPF 协议使 3 个校区相互通信。

3. 实验拓扑

如图 7-1 所示。

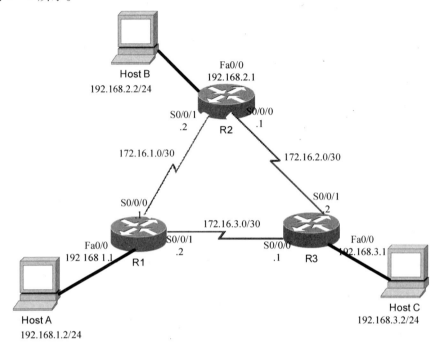

图 7-1　单区 OSPF 基本配置

4. 实验步骤

步骤 1：按图 7-1 所示，配置各路由器端口 IP 地址并开启端口，对串行线路注意配置时钟。下面是对 R1 配置示例。

```
Router>enable
Router#config terminal
Router(config)#hostname R1
R1(config)#inter fa0/0
R1(config-if)#ip address 192.168.1.1 255.255.255.0
R1(config-if)#no shutdown
R1(config-if)#inter s0/0/0
R1(config-if)#ip address 172.16.1.1 255.255.255.0
R1(config-if)#no shutdown
R1(config-if)#inter s0/0/1
R1(config-if)#ip address 172.16.3.2 255.255.255.0
R1(config-if)#clock rate 64000
R1(config-if)#no shut
```

步骤 2：在路由器 R1 配置 OSPF 协议。

```
R1(config)#route ospf 1
R1(config-router)#router-id1.1.1.1
R1(config-router)#network 192.168.1.0 0.0.0.255 area 0
```

第7章 OSPF路由配置

```
R1(config-router)#network 172.16.1.0 0.0.0.255 area 0
R1(config-router)#network 172.16.3.0 0.0.0.255 area 0
```

步骤3：在路由器 R2 配置 OSPF 协议。

```
R2(config)#router ospf 1
R2(config-router)#router-id 2.2.2.2
R2(config-router)#network 172.16.1.0 0.0.0.255 area 0
R2(config-router)#network 172.16.2.0 0.0.0.255 area 0
R2(config-router)#network 192.168.2.0 0.0.0.255 area 0
```

步骤4：在路由器 R3 配置 OSPF 协议。

```
R3(config)#router ospf 1
R3(config-router)#router
R3(config-router)#router-id 3.3.3.3
R3(config-router)#network 172.16.2.0 0.0.0.255 area 0
R3(config-router)#network 172.16.3.0 0.0.0.255 area 0
R3(config-router)#network 192.168.3.0 0.0.0.255 area 0
```

注意事项：(1) OSPF 路由进程 ID 的范围必须在 1~65535 之间，而且只有本地含义，不同路由器的路由进程 ID 可以不同也可以相同。如果要想启动 OSPF 路由进程，至少确保有一个接口是 up 的。

(2) 区域 ID 是在 0~4294967295 内的十进制数，也可以是 IP 地址的格式 A.B.C.D。当网络区域 ID 为 0 或 0.0.0.0 时称为主干区域。

(3) 在高版本的 IOS 中通告 OSPF 网络的时候，网络号的后面可以跟网络掩码，也可以跟反掩码。

(4) 确定 Router ID 遵循如下顺序。
● 最优先的是在 OSPF 进程中用命令 "router-id" 指定路由器 ID。
● 如果没有在 OSPF 进程中指定路由器 ID，那么选择 IP 地址最大的环回接口的 IP 地址为 Router ID。
● 如果没有环回接口，就选择最大的活动的物理接口的 IP 地址为 Router ID。
建议用命令 "router-id" 来指定路由器 ID，这样可控性比较好。

5. 实验调试及注意事项

(1) show ip route

```
R2#show ip route
Codes:C-connected,S-static,I-IGRP,R-RIP,M-mobile,B-BGP
     D-EIGRP,EX-EIGRP external,O-OSPF,IA-OSPF inter area
     N1-OSPF NSSA external type 1,N2-OSPF NSSA external type 2
     E1-OSPF external type 1,E2-OSPF external type 2,E-EGP
     i-IS-IS,L1-IS-IS level-1,L2-IS-IS level-2,ia-IS-IS inter area
     *-candidate default,U-per-user static route,o-ODR
     P-periodic downloaded static route
```

```
Gateway of last resort is not set
     172.16.0.0/24 is subnetted,3 subnets
C       172.16.1.0 is directly connected,Serial0/0/1
C       172.16.2.0 is directly connected,Serial0/0/0
O       172.16.3.0 [110/128] via 172.16.1.1,00:09:14,Serial0/0/1
                   [110/128] via 172.16.2.2,00:04:02,Serial0/0/0
O    192.168.1.0/24 [110/65] via 172.16.1.1,00:09:14,Serial0/0/1
C    192.168.2.0/24 is directly connected,FastEthernet0/0
O    192.168.3.0/24 [110/65] via 172.16.2.2,00:03:41,Serial0/0/0
```

输出结果表明同一个区域内通过 OSPF 路由协议学习的路由条目用代码"O"表示。

注意事项：
- 环回接口 OSPF 路由条目的掩码长度都是 32 位，这是环回接口的特性，尽管通告了 24 位，解决的办法是在环回接口下修改网络类型为"Point – to – Point"，操作如下：
  R2（config）#interface loopback 0
  R2（config – if）#ip ospf network point – to – point
  这样收到的路由条目的掩码长度和通告的一致。
- 路由条目"192.168.1.0"的度量值为 65，计算过程如下：
  cost 的计算公式为 $10^8/$带宽（bps），然后取整，串行线路带宽为 1.544Mbps，则 $10^8/(1.544*10^6) = 65$。
  也可以直接通过命令"ip ospf cost"设置接口的 cost 值，并且它是优先计算 cost 值的。

（2）show ip protocols

```
R2#show ip protocols
R2#show ip protocols
Routing Protocol is "ospf 1"     //当前路由器运行的 OSPF 进程 ID
  Outgoing update filter list for all interfaces is not set
  Incoming update filter list for all interfaces is not set
  Router ID2.2.2.2      //本路由器 ID
  Number of areas in this router is 1.1 normal 0 stub 0 nssa
              //本路由器参与的区域数量和类型
  Maximum path:4         //支持等价路径最大数目
  Routing for Networks:
     172.16.1.00.0.0.255 area 0
     172.16.2.00.0.0.255 area 0
     192.168.2.00.0.0.255 area 0
           //以上三行表明 OSPF 通告的网络以及这些网络所在的区域
  Routing Information Sources:
     Gateway          Distance       Last Update
     172.16.2.2          110         00:12:50
     172.16.1.1          110         00:12:50              //以上5行表明路由信息源
  Distance:(default is 110)
           //OSPF 路由协议默认的管理距离
```

（3）show ip ospf

该命令显示 OSPF 进程及区域的细节，如路由器运行 SPF 算法的次数等。

```
R2#show ip ospf 1
Routing Process "ospf 1" with ID2.2.2.2
 Supports only single TOS(TOS0)routes
 Supports opaque LSA
 SPF schedule delay 5 secs,Hold time between two SPFs 10 secs
 Minimum LSA interval 5 secs.Minimum LSA arrival 1 secs
 Number of external LSA 0.Checksum Sum 0x000000
 Number of opaque AS LSA 0.Checksum Sum 0x000000
 Number of DCbitless external and opaque AS LSA 0
 Number of DoNotAge external and opaque AS LSA 0
 Number of areas in this router is 1.1 normal 0 stub 0 nssa
 External flood list length 0
    Area BACKBONE(0)
        Number of interfaces in this area is 3
        Area has no authentication
        SPF algorithm executed 8 times
        Area ranges are
        Number of LSA 3.Checksum Sum 0x013368
        Number of opaque link LSA 0.Checksum Sum 0x000000
        Number of DCbitless LSA 0
        Number of indication LSA 0
        Number of DoNotAge LSA 0
        Flood list length 0
```

(4) show ip ospf interface

```
R2#show ip ospf interface s0/0/1
Serial0/0/1 is up,line protocol is up
Internet Address172.16.1.2/24,Area 0
//该接口的地址和运行的 OSPF 区域
Process ID 1,Router ID2.2.2.2,Network Type POINT_TO_POINT,Cost:781
//进程 ID,路由器 ID,网络类型,接口 Cost 值
Transmit Delay is 1 sec,State POINT_TO_POINT
//接口的延迟和状态
Timer intervals configured,Hello 10,Dead 40,Wait 40,Retransmit 5
oob-resync timeout 40
//显示几个计时器的值
Hello due in00:00:05
//距离下次发送 Hello 包的时间
Supports Link-local Signaling(LLS)
//支持 LLS
Cisco NSF helper support enabled
IETF NSF helper support enabled
//以上两行表示启用了 IETF 和 Cisco 的 NSF 功能
Index 1/1,flood queue length 0
Next 0x0(0)/0x0(0)
Last flood scan length is 1,maximum is 1
Last flood scan time is 0 msec,maximum is 0 msec
```

```
Neighbor Count is 1,Adjacent neighbor count is 1
//邻居的个数以及已建立邻接关系的邻居的个数
Adjacent with neighbor1.1.1.1
//已经建立邻接关系的邻居路由器 ID
Suppress hello for 0 neighbor(s)
//没有进行 Hello 抑制
```

(5) show ip ospf neighbor

```
R2#show ip ospf neighbor
Neighbor ID     Pri   State        Dead Time    Address        Interface
3.3.3.3         0     FULL/ -      00:00:33     172.16.2.2     Serial0/0/0
1.1.1.1         0     FULL/ -      00:00:34     172.16.1.1     Serial0/0/1
```

以上输出表明路由器 R2 有两个邻居，它们的路由器 ID 分别为 1.1.1.1 和 3.3.3.3，其他参数解释如下。

- Pri：邻居路由器接口的优先级。
- State：当前邻居路由器接口的状态。
- Dead Time：清除邻居关系前等待的最长时间。
- Address：邻居接口的地址。
- Interface：自己和邻居路由器相连接口。
- "-"：表示点到点的链路上 OSPF 不进行 DR 选举。

注意事项：OSPF 邻居关系不能建立的常见原因如下。

- hello 间隔和 dead 间隔不同；同一链路上的 hello 包间隔和 dead 间隔必须相同才能建立邻接关系。默认情况下，hello 包发送间隔如表 7-1 所示。

表 7-1 OSPF hello 间隔和 dead 间隔

网络类型	Hello 间隔（秒）	Dead 间隔（秒）
广播多路访问	10	40
非广播多路访问	30	120
点到点	10	40
点到多点	30	120

默认时 Dead 间隔是 Hello 间隔的 4 倍。可以在接口下通过"ip ospf hello - interval"和"ip ospf dead - interval"命令调整。

- 区域号码不一致。
- 特殊区域（如 stub，nssa 等）区域类型不匹配。
- 认证类型或密码不一致。
- 路由器 ID 相同。
- Hello 包被 ACL deny。
- 链路上的 MTU 不匹配。
- 接口下 OSPF 网络类型不匹配。

(6) show ip ospf database

```
R2#show ip ospf database
        OSPF Router with ID(2.2.2.2)(Process ID 1)
              Router Link States(Area 0)
Link ID         ADV Router      Age         Seq#         Checksum Link count
2.2.2.2         2.2.2.2         1336        0x80000005   0x002c5f 5
1.1.1.1         1.1.1.1         1317        0x80000005   0x005c32 5
3.3.3.3         3.3.3.3         1308        0x80000005   0x00aad7 5
```

以上输出是 R2 的区域 0 的拓扑结构数据库的信息，标题行的解释如下。
- Link ID：是指 Link State ID，代表整个路由器，而不是某个链路。
- ADV Router：是指通告链路状态信息的路由器 ID。
- Age：老化时间。
- Seq#：序列号。
- Checksum：校验和。
- Link count：通告路由器在本区域内的链路数目。

7.3 实验 2：多区 OSPF 基本配置

1. 实验目的

（1）在路由器上启动 OSPF 路由进程。
（2）启用参与路由协议的接口，并且通告网络及所在的区域。
（3）LSA 的类型和特征。
（4）不同路由器类型的功能。
（5）OSPF 拓扑结构数据库的特征和含义。
（6）E1 路由和 E2 路由的区别。
（7）查看和调试 OSPF 路由协议相关信息。

2. 虚拟场景

某公司在 4 个区域有 4 个分公司，由 4 个路由器相连接，配置多区 OSPF 协议使 4 个分公司能够相互通信。

3. 实验拓扑

如图 7-2 所示。

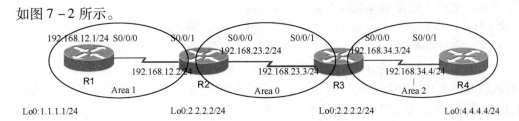

图 7-2　多区 OSPF 基本配置

4. 实验步骤

步骤 1：按图 7-2 所示，配置各路由器端口 IP 地址并开启端口，对串行线路注意配置时钟。

步骤 2：配置路由器 R1。

```
R1(config)#router ospf 1
R1(config-router)#router-id1.1.1.1
R1(config-router)#network1.1.1.0 255.255.255.0 area 1
R1(config-router)#network 192.168.12.0 255.255.255.0 area 1
```

步骤 3：配置路由器 R2。

```
R2(config)#router ospf 1
R2(config-router)#router-id2.2.2.2
R2(config-router)#network 192.168.12.0 255.255.255.0 area 1
R2(config-router)#network 192.168.23.0 255.255.255.0 area 0
R2(config-router)#network2.2.2.0 255.255.255.0 area 0
```

步骤 4：配置路由器 R3。

```
R3(config)#router ospf 1
R3(config-router)#router-id3.3.3.3
R3(config-router)#network 192.168.23.0 255.255.255.0 area 0
R3(config-router)#network 192.168.34.0 255.255.255.0 area 2
R3(config-router)#network3.3.3.0 255.255.255.0 area 0
```

步骤 5：配置路由器 R4。

```
R4(config)#router ospf 1
R4(config-router)#router-id4.4.4.4
R4(config-router)#network 192.168.34.0 0.0.0.255 area 2
R4(config-router)#redistribute connected subnets
```

5. 实验调试及注意事项

（1）show ip route ospf

```
R2#show ip route ospf
     1.0.0.0/24 is subnetted,1 subnets
O 1.1.1.0 [110/65] via 192.168.12.1,00:04:36,Serial0/0/1
     3.0.0.0/24 is subnetted,1 subnets
O3.3.3.0 [110/65] via 192.168.23.3,00:02:46,Serial0/0/0
     4.0.0.0/24 is subnetted,1 subnets
O E24.4.4.0 [110/20] via 192.168.23.3,00:02:22,Serial0/0/0
O IA 192.168.34.0/24 [110/128] via 192.168.23.3,00:02:46,Serial0/0/0
```

以上输出表明路由器 R2 的路由表中既有区域内的路由"1.1.1.0"和"3.3.3.0"，又有区域间的路由"192.168.34.0"，还有外部区域的路由"4.4.4.0"。这就是为什么在 R4 上要用重分布，就是为了构造自治系统外的路由。

注意事项：OSPF 的外部路由分为类型 1（在路由表中用代码"E1"表示）和类型 2（在路由表中用代码"E2"表示）。它们计算外部路由度量值的方式不同和，如下所示。

- 类型 1（E1）：外部路径成本 + 数据包在 OSPF 网络所经过各链路成本。
- 类型 2（E2）：外部路径成本，即 ASBR 上的默认设置。在重分布的时候可以通过"metric – type"参数设置是类型 1 或 2，也可以通过"metric"参数设置外部路径成本，默认为 20。下面是一个具体的实例：

R4（config – router）#redistribute connected subnets metric 50 metric – type 1

则在 R2 上关于"4.4.4.0"路由条目的信息如下：

O E1 4.4.4.0 [110/178] via 192.168.23.3, 00：01：27, Serial0/0/0

(2) show ip ospf database

```
R1#show ip ospf database
        OSPF Router with ID(1.1.1.1)(Process ID 1)
        Router Link States(Area 1)     //区域1 类型1 的LSA
        Link ID ADV Router Age Seq# Checksum Link count
        1.1.1.1 1.1.1.1 595 0x80000007 0x00A0ED 3
        2.2.2.2 2.2.2.2 459 0x80000004 0x002E71 2
        Summary Net Link States(Area 1)    //区域1 类型3 的LSA
        Link ID ADV Router Age Seq# Checksum
        2.2.2.0 2.2.2.2 459 0x80000002 0x000D20
        3.3.3.0 2.2.2.2 459 0x80000002 0x006B7E
        192.168.23.0 2.2.2.2 459 0x80000002 0x001E55
        192.168.34.0 2.2.2.2 459 0x80000002 0x002701
        Summary ASB Link States(Area 1)    //区域1 类型4 的LSA
        Link ID ADV Router Age Seq# Checksum
        4.4.4.4 2.2.2.2 459 0x80000002 0x008919
        Type - 5 AS External Link States     //类型5 的LSA
        Link ID ADV Router Age Seq# Checksum Tag
        4.4.4.0 4.4.4.4 349 0x80000003 0x008460 0
R2#show ip ospf database
        OSPF Router with ID(2.2.2.2)(Process ID 1)
        Router Link States(Area 0)     //区域0 类型1 的LSA
        Link ID ADV Router Age Seq# Checksum Link count
        2.2.2.2 2.2.2.2 1712 0x80000004 0x006208 3
        3.3.3.3 3.3.3.3 1677 0x80000004 0x00F56C 3
        Summary Net Link States(Area 0)     //区域0 类型3 的LSA
        Link ID ADV Router Age Seq# Checksum
        1.1.1.0 2.2.2.2 1785 0x80000001 0x00B53B
        192.168.12.0 2.2.2.2 1785 0x80000001 0x0099E5
        192.168.34.0 3.3.3.3 1673 0x80000001 0x0088DC
        Summary ASB Link States(Area 0)     //区域0 类型4 的LSA
        Link ID ADV Router Age Seq# Checksum
        4.4.4.4 3.3.3.3 1652 0x80000001 0x00EAF4
        Router Link States(Area 1)      //区域1 类型1 的LSA
        Link ID ADV Router Age Seq# Checksum Link count
```

```
    1.1.1.1 1.1.1.1 1794 0x80000006 0x00A2EC 3
    2.2.2.2 2.2.2.2 1786 0x80000003 0x003070 2
    Summary Net Link States(Area 1)        //区域1 类型3 的 LSA
    Link ID ADV Router Age Seq# Checksum
    2.2.2.0 2.2.2.2 1782 0x80000001 0x000F1F
    3.3.3.0 2.2.2.2 1698 0x80000001 0x006D7D
    192.168.23.0 2.2.2.2 1738 0x80000001 0x002054
    192.168.34.0 2.2.2.2 1672 0x80000001 0x0029FF
    Summary ASB Link States(Area 1)        //区域1 类型4 的 LSA
    Link ID ADV Router Age Seq# Checksum
    4.4.4.4 2.2.2.2 1653 0x80000001 0x008B18
    Type-5 AS External Link States         //类型5 的 LSA
    Link ID ADV Router Age Seq# Checksum Tag
    4.4.4.0 4.4.4.4 203 0x80000002 0x00865F 0
```

以上输出结果包含了区域1的LSA类型1、LSA类型3、LSA类型4、LSA类型5的链路状态信息，以及区域0的LSA类型1，LSA类型3，LSA类型4的链路状态信息。同时看到路由器R1和R2的区域1的链路状态数据库完全相同。

注意事项：
- 相同区域内的路由器具有相同的链路状态数据库，只是在虚链路的时候略有不同。
- 命令"show ip ospf database"所显示的内容并不是数据库中存储的关于每条LSA的全部信息，而仅仅是LSA的头部信息。要看LSA的全部信息，该命令后面还跟详细的参数，如"show ip ospf database router"，结果显示如下：

```
R1#show ip ospf database router
OSPF Router with ID(1.1.1.1)(Process ID 1)
Router Link States(Area 1)
LS age:1355
Options:(No TOS-capability,DC)
LS Type:Router Links
Link State ID:1.1.1.1
Advertising Router:1.1.1.1
LS Seq Number:80000008
Checksum:0x9EEE
Length:60
Number of Links:3
Link connected to:a Stub Network
 (Link ID)Network/subnet number:1.1.1.0
 (Link Data)Network Mask:255.255.255.0
 Number of TOS metrics:0
  TOS 0 Metrics:1
Link connected to:another Router(point-to-point)
 (Link ID)Neighboring Router ID:2.2.2.2
 (Link Data)Router Interface address:192.168.12.1
 Number of TOS metrics:0
  TOS 0 Metrics:64
```

第 7 章　OSPF 路由配置

```
        Link connected to:a Stub Network
        (Link ID)Network/subnet number:192.168.12.0
        (Link Data)Network Mask:255.255.255.0
        Number of TOS metrics:0
        TOS 0 Metrics:64
        Routing Bit Set on this LSA
        LS age:1267
        Options:(No TOS - capability,DC)
        LS Type:Router Links
        Link State ID:2.2.2.2
        Advertising Router:2.2.2.2
        LS Seq Number:80000005
        Checksum:0x2C72
        Length:48
        Area Border Router
        Number of Links:2
        Link connected to:another Router(point - to - point)
        (Link ID)Neighboring Router ID:1.1.1.1
        (Link Data)Router Interface address:192.168.12.2
        Number of TOS metrics:0
        TOS 0 Metrics:64
        Link connected to:a Stub Network
        (Link ID)Network/subnet number:192.168.12.0
        (Link Data)Network Mask:255.255.255.0
        Number of TOS metrics:0
        TOS 0 Metrics:64
```

以上输出是路由器 R1 在区域 1 的 LSA 类型 1 的全部信息。

(3) show ip ospf

```
R4#show ip ospf 1
        Routing Process "ospf 1" with ID4.4.4.4
        Supports only single TOS(TOS0)routes
        Supports opaque LSA
        Supports Link - local Signaling(LLS)
        It is an autonomous system boundary router
        Redistributing External Routes from,
        ……
```

以上信息表明路由器 R4 是一台 ASBR。

7.4　实验 3：基于区域的 OSPF 简单口令认证

1. 实验目的

(1) OSPF 认证的类型和意义。

(2) 基于区域的 OSPF 简单口令认证的配置和调试。

2. 虚拟场景

某公司有一个总部和一个分公司,由两个路由器相连接,配置单区 OSPF 协议使总部与分公司能够相互通信,并为了安全,配置简单口令认证。

3. 实验拓扑

如图 7-3 所示。

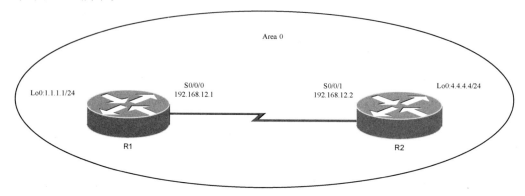

图 7-3 基于区域的 OSPF 简单口令认证

4. 实验步骤

步骤 1:配置路由器 R1。

```
R1(config)#router ospf 1
R1(config-router)#router-id1.1.1.1
R1(config-router)#network 192.168.12.0 255.255.255.0 area 0
R1(config-router)#network1.1.1.0 255.255.255.0 area 0
R1(config-router)#area 0 authentication //区域 0 启用简单口令认证
R1(config)#interface s0/0/0
R1(config-if)#ip ospf authentication-key cisco //配置认证密码
```

步骤 2:配置路由器 R2。

```
R2(config)#router ospf 1
R2(config-router)#router-id2.2.2.2
R2(config-router)#network2.2.2.0 255.255.255.0 area 0
R2(config-router)#network 192.168.12.0 255.255.255.0 area 0
R2(config-router)#area 0 authentication
R2(config)#interface s0/0/1
R2(config-if)#ip ospf authentication-key cisco
```

5. 实验调试及注意事项

(1) show ip ospf interface

第7章 OSPF路由配置

```
R1#show ip ospf interface s0/0/0
    Serial0/0/0 is up,line protocol is up
    Internet Address 192.168.12.1/24,Area 0
    Process ID 1,Router ID1.1.1.1,Network Type POINT_TO_POINT,Cost:781
    Transmit Delay is 1 sec,State POINT_TO_POINT
    Timer intervals configured,Hello 10,Dead 40,Wait 40,Retransmit 5
    oob - resync timeout 40
    Hello due in00:00:02
    Supports Link - local Signaling(LLS)
    Cisco NSF helper support enabled
    IETF NSF helper support enabled
    Index 1/1,flood queue length 0
    Next 0x0(0)/0x0(0)
    Last flood scan length is 0,maximum is 1
    Last flood scan time is 0 msec,maximum is 0 msec
    Neighbor Count is 0,Adjacent neighbor count is 0
    Suppress hello for 0 neighbor(s)
    Simple password authentication enabled
```

以上输出最后一行信息表明该接口启用了简单口令认证。

(2) show ip ospf

```
R1#show ip ospf
    Routing Process "ospf 1" with ID1.1.1.1
    Supports only single TOS(TOS0)routes
    ……
    Area BACKBONE(0)
    Number of interfaces in this area is 2(1 loopback)
    Area has simple password authentication
    SPF algorithm last executed 00:00:01.916 ago
    SPF algorithm executed 5 times
    Area ranges are
    Number of LSA 2. Checksum Sum 0x010117
    Number of opaque link LSA 0. Checksum Sum 0x000000
    Number of DCbitless LSA 0
    Number of indication LSA 0
    Number of DoNotAge LSA 0
    Flood list length 0
```

以上输出表明区域0启用简单口令认证。

(3) 如果R1区域0没有启用认证，而R2区域0启用简单口令认证，则R2上出现下面的信息：

```
* Feb 10 11:03:03.071:OSPF:Rcv pkt from 192.168.12.1,Serial0/0/0:Mismatch
Authentication type. Input packet specified type 0,we use type 1
```

(4) 如果R1和R2的区域0都启用简单口令认证，但是R2的接口下没有配置密码或密码错误，则R2上出现下面的信息：

```
* Feb 10 10:55:53.071:OSPF:Rcv pkt from 192.168.12.1,Serial0/0/1:Mismatch
Authentication Key-Clear Text
```

7.5 实验4：基于链路的 OSPF 简单口令认证

1. 实验目的

（1）OSPF 认证的类型和意义。
（2）基于链路的 OSPF 简单口令认证的配置和调试。

2. 虚拟场景

某单位为了安全目的，把应用 OSPF 协议的链路用简单口令进行保护。

3. 实验拓扑

如图 7-3 所示。

4. 实验步骤

步骤1：配置路由器 R1。

```
R1(config)#router ospf 1
R1(config-router)#router-id1.1.1.1
R1(config-router)#network1.1.1.0 0.0.0.255 area 0
R1(config-router)#network 192.168.12.00.0.0.255 area 0
R1(config)#interface s0/0/0
R1(config-if)#ip ospf authentication
//链路启用简单口令认证
R1(config-if)#ip ospf authentication-key cisco
//配置认证密码
```

步骤2：配置路由器 R2。

```
R2(config)#router ospf 1
R2(config-router)#router-id2.2.2.2
R2(config-router)#network2.2.2.0 0.0.0.255 area 0
R2(config-router)#network 192.168.12.00.0.0.255 area 0
R2(config)#interface s0/0/1
R2(config-if)#ip ospf authentication
R2(config-if)#ip ospf authentication-key cisco
```

5. 实验调试及注意事项

（1）show ip ospf interface

```
R1#show ip ospf interface s0/0/0
      Serial0/0/0 is up,line protocol is up
      Internet Address 192.168.12.1/24,Area 0
      Process ID 1,Router ID1.1.1.1,Network Type POINT_TO_POINT,Cost:781
```

第7章 OSPF路由配置

```
Transmit Delay is 1 sec,State POINT_TO_POINT
Timer intervals configured,Hello 10,Dead 40,Wait 40,Retransmit 5
oob-resync timeout 40
Hello due in 00:00:09
Supports Link-local Signaling(LLS)
Cisco NSF helper support enabled
IETF NSF helper support enabled
Index 1/1,flood queue length 0
Next 0x0(0)/0x0(0)
Last flood scan length is 1,maximum is 1
Last flood scan time is 0 msec,maximum is 0 msec
Neighbor Count is 1,Adjacent neighbor count is 1
Adjacent with neighbor2.2.2.2
Suppress hello for 0 neighbor(s)
Simple password authentication enabled
```

以上输出最后一行信息表明该接口启用了简单口令认证。

（2）如果 R1 的 s0/0/0 接口启动简单口令认证，R2 的 s0/0/1 接口没有启用认证，则 R2 上出现下面的信息：

```
* Feb 10 11:19:33.074:OSPF:Rcv pkt from 192.168.12.1,Serial0/0/1:Mismatch
Authentication type. Input packet specified type 1,we use type 0
```

（3）如果 R1 的 s0/0/0 和 R2 的 s0/0/1 都启动简单口令认证，但是 R2 的接口下没有配置认证密码或密码错误，则 R2 上出现下面的信息：

```
* Feb 10 11:22:33.074:OSPF:Rcv pkt from 192.168.12.1,Serial0/0/1:Mismatch
Authentication Key-Clear Text
```

7.6 OSPF 路由配置命令汇总

表 7-2 OSPF 路由配置命令汇总表

命 令	作 用
R1#show ip route	查看路由表
R1#show ip ospf neighbor	查看 OSPF 邻居的基本信息
R1#show ip ospf database	查看 OSPF 拓扑结构数据库
R1#show ip ospf interface	查看 OSPF 路由器接口的信息
R1#show ip ospf	查看 OSPF 进程及其细节
R1#debug ip ospf adj	查看 OSPF 邻接关系创建或中断的过程
R1#debug ip ospf events	显示 OSPF 发生的事件
R1#debug ip ospf packet	显示路由器收到的所有的 OSPF 数据包
R1（config）#router ospf process ID	启动 OSPF 路由进程
R1（config-router）#router-id1.1.1.1	配置路由器 ID

105

续表

命　令	作　用
R1（config – router）#network 192.168.1.0 0.0.0.255 area ared id	通告网络及网络所在的区域
R1（config – if）#ip ospf network broadcast	配置接口网络类型
R1（config – if）#ip ospf cost <1 – 65535>	配置接口 Cost 值
R1（config – if）#ip ospf hello – interval <1 – 65535>	配置 Hello 间隔
R1（config – if）#ip ospf dead – interval <1 – 65535>	配置 OSPF 邻居的死亡时间
R1（config – if）#ip ospf priority <0 – 255>	配置接口优先级
R1（config – router）#auto – cost reference – bandwidth <1 – 4294967>	配置参考带宽
R1#clear ip ospf process	清除 OSPF 进程
R1（config – router）#area area – id authentication	启用区域简单口令认证
R1（config – if）#ip ospf authentication – key cisco	配置认证密码
R1（config – router）#area area – id authentication message – digest	启用区域 MD5 认证
R1（config – if）#ip ospf message – digest – key <1 – 255> md5 cisco	配置 key ID 及密匙
R1（config – if）#ip ospf authentication	启用链路简单口令认证
R1（config – if）#ip ospf authentication message – digest	启用链路 MD5 认证
R1（config – router）#default – information originate	向 OSPF 区域注入默认路由

第 8 章 交换机基本配置

8.1 交换机配置理论指导

交换机是一种可减少局域网中拥塞的设备，它是通过减少流量和增加带宽来实现的。交换机经常用来替换共享式 HUB，它可和现有的电缆网线互相操作，这样在安装后不必打断现有的网络流量。

在今天的数据通信中，大部分的交换机执行下面的操作。
- 地址学习：交换过程中，交换机需要建立和维护交换表。
- 交换数据帧：把从入媒质到达的数据帧发送到出媒质上。
- 避免环路：解决备份链路的环路问题。

交换机配置的一个最方便的地方就是即使不做任何配置，交换机也可以工作。Cisco 交换机出厂时所有接口都被启用了，并且都可以自动协商双工和速率模式，用户需要做的就是正确连接线缆、开机，交换机就可以开始工作了。

8.1.1 配置交换机 IP 地址

为了能够通过 telnet 或者 SSH 访问交换机，并且使用其他基于 IP 的管理协议来管理交换机，例如，简单网络管理协议 SNMP，或者使用图形化配置工具，交换机需要一个 IP 地址，但是交换机进行以太网数据帧的转发并不需要 IP 地址，交换机对 IP 地址的需求仅仅是为了处理管理流量，如登录交换机。

交换机的 IP 配置本质上就像一个具有单个以太网接口的主机。交换机需要一个 IP 地址和相应的掩码。交换机也需要设置它的默认网关，可以静态配置它的 IP 地址、掩码和网关，或者通过 DHCP 动态学习。

基于 IOS 的交换机配置 IP 地址，需要在一个特殊的虚拟接口上进行操作，该接口叫做 VLAN1，这个接口与 PC 上的以太网接口扮演着相同的角色。

语法格式如下：

```
Switch(config)#interface vlan 1
switch(config)# ip address {ip-address} {subnet-mask}
switch(config)# ip default-gateway {ip-address}
```

参数说明如下。
vlan 1：是用来给交换机配置 IP 的虚拟接口。
ip – adress：给交换机配置的 IP 地址。
subnet – mask：给该 IP 地址配置的子网掩码。
default – gateway：给该交换机配置的默认网关。

8.1.2 配置交换机接口

IOS 使用接口配置模式来配置接口的信息。例如，可以使用 duplex 和 speed 接口配置命令来静态配置速率和双工模式，也可以默认使用自动协商。下面的例子展示出如何配置交换机接口的双工和速率模式，以及使用 description 命令（该命令是对接口的描述性信息）。

语法格式为：

```
Switch(config)#interface {type slot/port}
Switch(config-if)#duplex {full |half}
Switch(config-if)#speed {100 |10}
Switch(config-if)#description {information }
```

参数说明如下。

duplex：接口配置为全双工还是半双工模式。

speed：接口配置的速率为多少。

description：对交换机进口进行描述信息，信息为"information"。

8.2 实验1：交换机基本配置

1. 实验目的

（1）熟悉交换机的开机界面。
（2）对交换机进行基本的设置。
（3）理解交换机的端口及其编号。

2. 虚拟场景

假设公司刚买来一台 Cisco 交换机，需要对其进行基本配置，例如交换机名称，IP 地址和网关等，以方便以后的管理。

3. 实验拓扑

如图 8-1 所示。

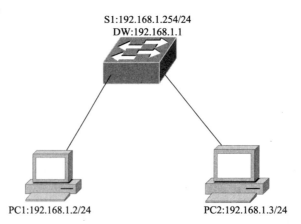

图 8-1 实验 1 拓扑图

4. 实验步骤

步骤1：通过交换机的 console 口连接交换机。

设置步骤参考3.2节实验1：通过 console 口访问路由器。设置好后，单击【确定】按钮，此时就开始连接登录交换机了，对于新购或首次配置的交换机，没有设置登录密码，因此不用输入登录密码就可连接成功，从而进入交换机的命令行状态"Switch >"，此时就可通过命令来操控和配置交换机了。

步骤2：配置交换机的名称，管理 IP 等。

```
Switch>config terminal
Switch#hostname S1
S1#interface vlan 1
S1(config-if)#ip address 192.168.1.254 255.255.255.0
S1(config-if)#ip default-gateway 192.168.1.1
```

5. 实验调试及注意事项

在 PC1 上测试交换机上的 IP 地址是否已在使用。

```
PC>ping192.168.1.254
Pinging 192.168.1.254 with 32 bytes of data:
Reply from 192.168.1.254:bytes=32 time=94ms TTL=126
Reply from 192.168.1.254:bytes=32 time=94ms TTL=126
Reply from 192.168.1.254:bytes=32 time=94ms TTL=126
Reply from 192.168.1.254:bytes=32 time=93ms TTL=126
Ping statistics for 192.168.1.254:
    Packets:Sent=4,Received=4,Lost=0(0% loss),
Approximate round trip times in milli-seconds:
Minimum=93ms,Maximum=94ms,Average=93ms
```

注意事项：(1) 每台计算机网关都是本区域路由器以太网接口 IP 地址。

(2) 必须保证每条直连链路连通，可以用 ping 命令进行测试。

8.3 实验2：交换机密码恢复

1. 实验目的

掌握 CISCO 2950 系列交换机的密码恢复方法。

2. 虚拟场景

公司的交换机被人恶意设置了密码而导致无法进入 IOS 进行管理，请解决这个问题。

3. 实验拓扑

如图 8-2 所示。

图 8-2 实验拓扑图

4. 实验步骤

步骤 1：建立 PC 到交换机的物理连接，用 RS232 console 线（随交换机带）连接交换机 console 接口和 PC 的 COM 口。

步骤 2：在计算机上使用超级终端：打开【开始】→【程序】→【附件】→【通讯】→【超级终端】→【新建超级终端】，首先为新建连接设置名称，然后，设置连接用端口，一般选择 COM1，再设置连接参数，单击【还原为默认值】按钮，设置参数如下：每秒位数为 9600，数据位为 8，奇偶校验为无，停止位为 1，数据流控制为无。

步骤 3：打开交换机电源，开机 30 秒内，按住交换机前面板左下方的"MODE"键，插上电源线，当端口 1 上面的灯不亮时，放开"MODE"按钮，超级终端上显示：

```
Base ethernet MAC Address:00:14:f2:b7:70:00
Xmodem file system is available.
The password - recovery mechanism is enabled.
The system has been interrupted prior to initializing the
flash filesystem. The following commands will initialize
the flash filesystem,and finish loading the operating
system software:
    flash_init
    load_helper
    boot
switch:
```

步骤 4：初始化 Flash。

```
switch:flash_init         //开始初始化 Flash
Initializing Flash...
flashfs[0]:352 files,5 directories
flashfs[0]:0 orphaned files,0 orphaned directories
flashfs[0]:Total bytes:32514048
```

```
flashfs[0]:Bytes used:7018496
   flashfs[0]:Bytes available:25495552
   flashfs[0]:flashfs fsck took 12 seconds.
...done Initializing Flash.
Boot Sector Filesystem(bs)installed,fsid:3
Setting console baud rate to 9600...
```

步骤5：把原配置文件改名。

```
   switch:rename flash:config.text flash:config.old    //更名含有password的配置文件
Are you sure you want to delete "config.text"(y/n)? y
File "flash:config.text" deleted
```

步骤6：重新启动。

```
switch:boot
```

在出现"Would you like to enter the initial configuration dialog?［yes/no］:"时，输入"No"。

步骤7：修改密码。

进入交换机特权模式，执行 Switch#rename flash：config.old flash：config.text。

执行 copy flash：config.text system：running – config，此命令是拷贝配置文件到当前系统中，也就是恢复原来交换机配置。

使用 enable password 或 enable secret 命令重新设置密码。

使用 write memory 命令保存配置。

5. 实验调试及注意事项

重启交换机，再次登入交换机，现在可以知道交换机的密码已经更改。

注意事项：密码恢复过程比较繁琐，要做到耐心细心。

8.4　实验3：交换机 IOS 恢复

1. 实验目的

掌握 CISCO 交换机恢复 IOS 的方法。

2. 虚拟场景

公司的 CISCO 交换机 IOS 被破坏掉了，而且设备已经过了质保期，请恢复这台交换机的 IOS 使其能够正常工作。

3. 实验拓扑

如图 8 – 2 所示。

4. 实验步骤

步骤1：如果不能进入 IOS，这时就只能用 Xmodem 的方法，直接从 console 口拷贝

IOS。使用系统自带的超级终端软件即可，这时启动的是 switch：模式。

步骤 2：输入命令如下。

```
switch:flash_init                        //初始化 flash 系统提示:Initializing Flash...
switch:copy xmodem:flash:image_filename.bin    //拷贝命令
```

系统出现如下提示：

```
Begin the Xmodem or Xmodem-1K transfer now...
```

在超级终端菜单中选【传送】，在下拉菜单中选择【发送文件】，在协议选项中选择 Xmodem 或者 Xmodem-1K 协议，然后选择 ios 的影像文件（*.bin），开始传送。

传送过程会非常慢，耐心等待。

传送完毕后提示：

```
File "xmodem:"successfully copied to....
    switch:boot                          //重启
```

5. 实验调试及注意事项

再次进入交换机 CLI 界面，此时已能正常登入 IOS，问题解决。

注意事项：如无特殊情况不要进行 IOS 恢复行为，如操作失误可能导致交换机 IOS 被破坏。

8.5 交换机基本命令汇总

表 8-1 交换机基本命令汇总表

命令	作用
switch＞enable	进入特权模式
switch#config terminal	进入全局配置模式
switch（config）#hostname	设置交换机的主机名
switch（config）#enable secret xxx	设置特权加密口令
switch（config）#enable password xxa	设置特权非密口令
switch（config）#interface vlan 1	进入 VLAN 1
switch（config-if）#ip address	设置 IP 地址
switch（config-if）#ip default-gateway	设置默认网关
switch（config）#line vty 0 4	进入虚拟终端
switch（config-line）#login	允许登录
switch（config-line）#password xx	设置登录口令
switch#exit	返回命令
switch（config）#line console 0	进入控制台口

第8章 交换机基本配置

续表

命　令	作　用
switch（config）#interface f0/1	进入 f0/1 接口
switch（config-if）#duplex full	配置全双工模式
switch（config-if）#speed 100	配置速率
switch（config-if）#description to *****	接口描述
switch（config）#ip domain-name ***.com	设置或名服务器
switch（config）#mac-address-table aging-time	设置 mac 表超时时间
switch#write	保存配置信息
switch#copy running-config startup-config	保存当前配置 nvram
switch#erase startup-config	清除配置文件
switch#show vtp status	查看 VTP 配置信息
switch#show running-config	查看当前配置信息
switch#show vlan	查看 VLAN 配置信息
switch#show interface	查看端口信息
switch#show int f0/0	查看指定端口信息
switch#dir flash：	查看闪存
switch#show version	查看当前版本信息
switch#show mac-address-table aging-time	查看 mac 超时时间
switch#show cdp cisco	设备发现协议
switch#show cdp traffic	查看接收和发送的 CDP 包统计信息
switch#show cdp neighbors	查看与该设备相邻的 Cisco 设备
switch#show interface f0/1 switchport	查看有关 switchport 的配置
switch#show cdp neighbors	查看与该设备相邻的 Cisco 设备

第 9 章 VLAN

9.1 VLAN 理论指导

VLAN（Virtual Local Area Network）的中文名为"虚拟局域网"。VLAN 是一种将局域网设备从逻辑上划分成一个个网段，从而实现虚拟工作组的数据交换技术。这一技术主要应用于交换机和路由器中，但主流应用还是在交换机之中。IEEE 于 1999 年颁布了用以标准化 VLAN 实现方案的 802.1Q 协议标准草案。VLAN 技术的出现，使管理员可根据实际应用需求，把同一物理局域网内的不同用户逻辑地划分成不同的广播域，每一个 VLAN 都包含一组有着相同需求的计算机工作站，与物理上形成的 LAN 有着相同的属性。由于它是从逻辑上划分，而不是从物理上划分，所以同一个 VLAN 内的各个工作站没有限制在同一个物理范围中，即这些工作站可以在不同物理 LAN 网段。由 VLAN 的特点可知，一个 VLAN 内部的广播和单播流量都不会转发到其他 VLAN 中，从而有助于控制流量、减少设备投资、简化网络管理、提高网络的安全性。

交换技术的发展也加快了 VLAN 的应用速度。通过将企业网络划分为虚拟网络 VLAN 网段，可以强化网络管理和网络安全，控制不必要的数据广播。在共享网络中，一个物理的网段就是一个广播域。而在交换网络中，广播域可以是由一组任意选定的第二层网络地址（MAC 地址）组成的虚拟网段。这样，网络中工作组的划分可以突破共享网络中的地理位置限制，而完全根据管理功能来划分。这种基于工作流的分组模式，大大提高了网络规划和重组的管理功能。在同一个 VLAN 中的工作站，不论它们实际与哪个交换机连接，它们之间的通信就好象在独立的交换机上一样。同一个 VLAN 中的广播只有 VLAN 中的成员才能听到，而不会传播到其他的 VLAN 中去，这样可以很好地控制不必要的广播风暴的产生。同时，若没有路由的话，不同 VLAN 之间不能相互通信，这样增加了企业网络中不同部门之间的安全性。网络管理员可以通过配置 VLAN 之间的路由来全面管理企业内部不同管理单元之间的信息互访。交换机是根据用户工作站的 MAC 地址来划分 VLAN 的，所以用户可以自由地在企业网络中移动办公，不论在何处接入交换网络，都可以与 VLAN 内其他用户自由通信。

VLAN 网络由混合的网络类型设备组成，例如：10Mbps 以太网、100Mbps 以太网、令牌环网、FDDI、CDDI 等，可以是工作站、服务器、集线器、网络上行主干，等等。

VLAN 除了能将网络划分为多个广播域，从而有效地控制广播风暴的发生，以及使网络的拓扑结构变得非常灵活的优点外，还可以用于控制网络中不同部门、不同站点之间的互相访问。VLAN 是为解决以太网的广播问题和安全性而提出的一种协议，它在以太网帧的基础上增加了 VLAN 头，用 VLAN ID 把用户划分为更小的工作组，限制不同工作组间的用户互访，每个工作组就是一个虚拟局域网。

9.1.1 VLAN 划分

许多 VLAN 厂商都利用交换机的端口来划分 VLAN 成员。被设定的端口都在同一个广播域中。例如，一个交换机的 1、2、3、4、5 端口被定义为虚拟网 AAA，同一交换机的 6、7、8 端口组成虚拟网 BBB。这样做允许各端口之间的通信，并允许共享型网络的升级。但是，这种划分模式将虚拟网限制在了一台交换机上。

第二代端口 VLAN 技术允许跨越多个交换机的多个不同端口划分 VLAN，不同交换机上的若干个端口可以组成同一个虚拟网。

以交换机端口来划分网络成员，其配置过程简单明了。因此，从目前来看，这种根据端口来划分 VLAN 的方式仍然是最常用的一种方式。

语法格式：

```
Switch(config)#vlan{vlanID}
Switch(config)#interface{type slot/port}
Switch(config-if)#switchport mode access
Switch(config-if)#switchportaccess vlan vlanID
```

参数说明如下。

Vlan vlanID：在交换机上创建 vlan vlanID，如 vlan 10。

Switchport mode access：将该端口设为接入模式。

Switchport access vlan vlanID：将该端口划分到 vlanID 中，如 vlan 10。

9.1.2 TRUNK 配置

如果两台交换机都设置有同一 VLAN 里的计算机，如何进行通信？

有两种方法可以实现。

第一种方法：多个交换机之间的每一对相同的 VLAN 都用一条线路连接。即：第一个交换机上的 VLAN 1 与第二个交换机上的 VLAN 1 用一条线连接起来；第一个交换机上的 VLAN 3 与第二个交换机上的 VLAN 3 用一条线连接起来……，如图 9-1 所示。缺点是当 VLAN 增多时，所占用的端口就会很多；当整个网络中的 VLAN 很多时，比如 100 个，用这种方法根本无法实现跨交换机的同 VLAN 间的通信。

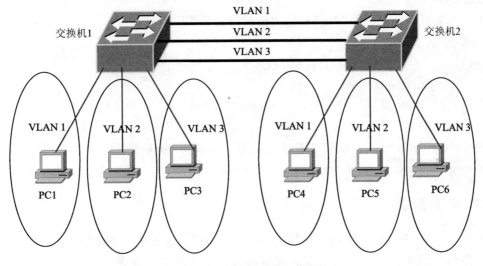

图 9-1 无中继 VLAN 间通信图

第二种方法：交换机之间用一条链路连接，这条链路上能同时承载多个 VLAN 的数据。用这种方法连接时，所必须要解决的问题是：在这条链路上，如何标识来自不同 VLAN 的数据，因为只有对数据做了标识，才能把来自一个交换机某 VLAN 的数据，送到另一个交换机的相同 VLAN 上去。如图 9－2 所示。

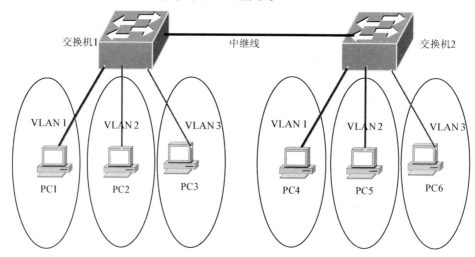

图 9－2　有中继 VLAN 间通信图

显然第二种方案是人们希望选择的，这就是 Trunk 技术。

如果交换机 1 的 VLAN1 中的机器要访问交换机 2 的 VLAN1 中的机器，可以把两台交换机的级联端口设置为 Trunk 端口，这样，当交换机把数据包从级联端口发出去的时候，会在数据包中做一个标记（TAG），以使其他交换机识别该数据包属于哪一个 VLAN，于是，其他交换机收到这样一个数据包后，只会将该数据包转发到标记中指定的 VLAN，从而完成了跨越交换机的 VLAN 内部数据传输。VLAN Trunk 目前有两种标准，ISL 和 802.1q，前者是 Cisco 专有技术，后者则是 IEEE 的国际标准，除了 Cisco 两者都支持外，其他厂商都只支持后者。

本书主要介绍后面一种 TRUNK 封装格式的命令使用格式。

语法格式：

```
Switch(config)#interface {type slot/port}
Switch(config-if)#switchport mode trunk
Switch(config-if)#switchport trunk encapsulation dot1q
```

参数说明如下。

Switchport mode trunk：在端口 f0/1 上将端口设置为 trunk 端口。

Switchport trunk encapsulation dot1q：将 trunk 封装格式设为 802.1q。

9.1.3　VTP 配置

VTP（VLAN Trunking Protocol）是 VLAN 中继协议，也被称为虚拟局域网干道协议。

它是一个 OSI 参考模型第二层的通信协议，主要用于管理在同一个域的网络范围内 VLANs 的建立、删除和重命名。在一台 VTP Server 上配置一个新的 VLAN 时，该 VLAN 的

第 9 章 VLAN

配置信息将自动传播到本域内的其他所有交换机。这些交换机会自动地接收这些配置信息，使其 VLAN 的配置与 VTP Server 保持一致，从而减少在多台设备上配置同一个 VLAN 信息的工作量，而且保持了 VLAN 配置的统一性。

VTP 通过网络（ISL 帧或 Cisco 私有 DTP 帧）保持 VLAN 配置统一性。VTP 在系统级管理增加、删除、调整的 VLAN，自动地将信息向网络中其他的交换机广播。为了便于管理，只要在 VTP Server 做相应设置，VTP Client 会自动学习 VTP Server 上的 vlan 信息。

VTP 有 3 种工作模式：VTP Server、VTP Client 和 VTP Transparent。一般，一个 VTP 域内的整个网络只设一个 VTP Server。

VTP Server 维护该 VTP 域中所有 VLAN 信息列表，VTP Server 可以建立、删除或修改 VLAN。

VTP Client 虽然也维护所有 VLAN 信息列表，但其 VLAN 的配置信息是从 VTP Server 学到的，VTP Client 不能建立、删除或修改 VLAN。

VTP Transparent 相当于是一台独立的交换机，它不参与 VTP 工作，不从 VTP Server 学习 VLAN 的配置信息，而只拥有本设备上自己维护的 VLAN 信息，VTP Transparent 可以建立、删除和修改本机上的 VLAN 信息。

VTP 存在版本问题，分为版本 1（默认状态）和版本 2。同一个局域网必须运行相同版本的 VTP。

有了 VTP，就可以在一台交换机上集中进行配置变更，所作的变更会被自动传播到网络中所有其他的交换机上（前提是在同一个 VTP 域）。

为了实现此功能，必须先建立一个 VTP 管理域，以使它能管理网络上当前的 VLAN。在同一管理域中的交换机共享它们的 VLAN 信息，并且，一个交换机只能参加到一个 VTP 管理域，不同域中的交换机不能共享 VTP 信息。

交换机间交换下列信息：

- 管理域域名；
- 配置的修订号；
- 已知虚拟局域网的配置信息。

交换机使用配置修正号，来决定当前交换机的内部数据是否应该接受从其他交换机发来的 VTP 更新信息。如果接收到的 VTP 更新配置修订号与内部数据库的修订号相同或者比它小，交换机忽略更新。否则，就更新内部数据库，接受更新信息。

语法命令：

```
Switch(config)# vtp domain {domain_name}
Switch(config)# vtp mode {server|client|transparent}
Switch(config)# vtp password {passwordID}
Switch(config)# vtp version 2
Switch(config)# show vtp status
```

参数说明如下。

domain_name：配置 VTP 域名。

Server|client|transparent：配置 VTP 的工作模式，即 Server 模式、client 模式和 transparent 模式。

passwordID：配置 VTP 口令。

version 2：配置 VTP 版本号。

show vtp status：查看 VTP 配置信息。

9.2 实验 1：VLAN 划分

1. 实验目的

掌握在交换机上进行 VLAN 划分的基本方法。

2. 虚拟场景

公司有一台交换机上连着两名用户，但他们属于不同部门，需对他们进行划分 VLAN 以使他们之间无法访问对方，保证各自数据的安全。

3. 实验拓扑

如图 9-3 所示。

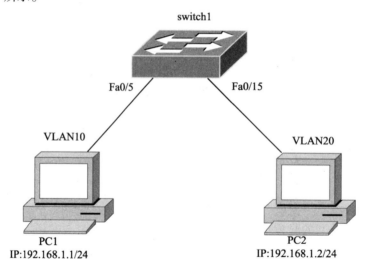

图 9-3 实验 1 拓扑图

4. 实验步骤

步骤 1：在未划 VLAN 前两台 PC 可以 ping 通。

步骤 2：创建 VLAN。

```
switch1#configure terminal                    // 进入交换机全局配置模式
switch1(config)#vlan 10                       // 创建 vlan 10
switch1(config-vlan)#name test1               // 将 vlan 10 命名为 test1
switch1(config)#vlan 20                       // 创建 vlan 20
switch1(config-vlan)#name test2.              // 将 vlan 20 命名为 test2
```

```
switch1(config-vlan)#end
switch1#show vlan                                  // 查看 VLAN 划分情况
VLAN Name                              Status    Ports
---- -------------------------------- --------- -------------------------------
1    default                          active    Fa0/1,Fa0/2,Fa0/3
                                                Fa0/4,Fa0/5,Fa0/6
                                                Fa0/7,Fa0/8,Fa0/9
                                                Fa0/10,Fa0/11,Fa0/12
                                                Fa0/13,Fa0/14,Fa0/15
                                                Fa0/16,Fa0/17,Fa0/18
                                                Fa0/19,Fa0/20,Fa0/21
                                                Fa0/22,Fa0/23,Fa0/24
10   test1                            active
20   test2                            active
```

步骤 3：将端口分配到 VLAN。

```
Switch1(config)#interface fastEthernet 0/5      // 进入 fastEthernet 0/5 的端口配置
                                                   模式
switch1(config-if)#switchport mode access       // 将 fastEthernet 0/5 端口设置为接
                                                   入模式
switch1(config-if)#switchport access vlan 10    // 将 fastEthernet 0/5 端口加入
                                                   vlan 10 中
switch1(config-if)#exit
switch1(config)#interface fastEthernet 0/15     // 进入 fastEthernet 0/15 的端口
                                                   配置模式
switch1(config-if)#switchport mode access       // 将 fastEthernet 0/15 端口设置为
                                                   接入模式
switch1(config-if)#switchport access vlan 20    // 将 fastEthernet 0/15 端口加入
                                                   vlan20 中
switch1(config-if)#end
switch1#show vlan                               // 查看 VLAN 的端口划分情况
VLAN Name                              Status    Ports
---- -------------------------------- --------- -------------------------------
1    default                          active    Fa0/1 ,Fa0/2 ,Fa0/3
                                                Fa0/4 ,Fa0/6 ,Fa0/7
                                                Fa0/8 ,Fa0/9 ,Fa0/10
                                                Fa0/11,Fa0/12,Fa0/13
                                                Fa0/14,Fa0/16,Fa0/17
                                                Fa0/18,Fa0/19,Fa0/20
                                                Fa0/21,Fa0/22,Fa0/23
                                                Fa0/24
10   test1                            active    Fa0/5
20   test2                            active    Fa0/15
```

5. 实验调试及注意事项

此时两台 PC 互相 ping 不通。

注意事项：（1）VLAN 1 属于系统默认的 VLAN，不可以被删除。

（2）删除某个 VLAN，使用 no 命令。例如：switch（config）#no vlan 10。

（3）删除当前某个 VLAN 时，注意先将属于该 VLAN 的端口加入其他 VLAN 中，再删除该 VLAN，否则此端口不属于任何 VLAN。

9.3　实验 2：Trunk 配置

1. 实验目的

掌握在交换机中 Trunk 的配置。

2. 虚拟场景

客户服务部的两台电脑 PC1 和 PC2 分别连在两台交换机上，使客户服务部的电脑属于一个 并且都能互相访问，而其他电脑属于另一个 VLAN。

3. 实验拓扑

如图 9-4 所示。

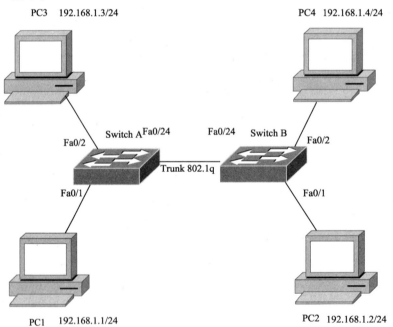

图 9-4　实验 2 拓扑图

4. 实验步骤

步骤 1：配置交换机的基本参数。

步骤 2：为 PC 配置正确的 IP 地址，子网掩码。

步骤 3：检测连通性，其中任一台计算机与其他 3 台计算机都能相互通信。

第9章 VLAN

步骤4：显示 VLAN 的端口信息。

```
Switch_A#show vlan
```

步骤5：在 Switch_ A 上创建，命名 VLAN。

```
Switch_A#vlan database
Switch_A(vlan)#vlan 10 name test1
Switch_A(vlan)#vlan 20 name test2
Switch_A(vlan)#exit
```

步骤6：安排端口1到 VLAN 10。

```
Switch_A(config)#interface fastethernet 0/1
Switch_A(config-if)#switchport mode access
Switch_A(config-if)#switchport access vlan 10
Switch_A(config-if)#end
```

步骤7：安排端口2到 VLAN 20。

```
Switch_A#configure terminal
Switch_A(config)#interface fastethernet 0/2
Switch_A(config-if)#switchport mode access
Switch_A(config-if)#switchport access vlan 20
Switch_A(config-if)#end
```

步骤8：在 Switch_B 上创建，命名 VLAN。

重复步骤5~7，在 Switch_B 创建命名 VLAN。

步骤9：显示 VLAN 的端口信息。

```
Switch_A#show vlan
```

步骤10：测试 VLANs。

步骤11：创建 dot1q trunk。

```
Switch_A(config)#interface fastethernet 0/24
Switch_A(config-if)#switchport mode trunk
Switch_A(config-if)#switchport trunk encapsulation dot1q
Switch_A(config-if)#end
Switch_B(config)#interface fastethernet 0/24
Switch_B(config-if)#switchport mode trunk
Switch_B(config-if)#switchport trunk encapsulation dot1q
Switch_B(config-if)#end
```

步骤12：测试 dot1q trunk。

5. 实验调试及注意事项

测试实验结果，现在 PC1 与 PC2、PC3 与 PC4 能够相互通信，但另外组合（如 PC1 与 PC3）不能通信，实验目的达到。

注意事项：注意两边的 VLAN 号要一一对应。

9.4 实验3：VTP配置

1. 实验目的

熟悉VTP域名，模式的配置，了解VTP三种模式之间的异同。

2. 虚拟场景

公司的3台交换机互联在一起，希望通过VTP的配置，使在一台交换机上创建添加VLAN使得在其他交换机上也具有相同VLAN。

3. 实验拓扑

如图9-5所示。

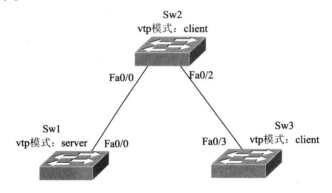

图9-5 实验3拓扑图

4. 实验步骤

步骤1：配置中继链路。

```
Sw1(config)#interface f0/0
Sw1(config-if)#switchport  mode trunk
Sw2(config)# interface f0/0
Sw2(config-if)#switchport  mode trunk
Sw2(config)# interface f0/2
Sw2(config-if)#switchport  mode trunk
Sw3(config)# interface f0/3
Sw3config-if)#switchport  mode trunk
```

步骤2：配置服务模式。

```
Sw1#vlan database
Sw1(vlan)#vtp server
Sw2#vlan database
Sw2(vlan)#vtp client
Sw2#vlan database
Sw3(vlan)#vtp client
```

步骤3：在 sw1、sw2 和 sw3 上配置域名 lym01。

```
Sw1#vlan database
Sw1(vlan)#vtp domain lym01
Sw2#vlan database
Sw2(vlan)#vtp domain lym01
Sw3#vlan database
Sw3(vlan)#vtp domain lym01
```

查看一下 VTP 状态

```
Sw2#show vtp status
VTP Version                       :2
Configuration Revision            :0
Maximum VLANs supported locally   :256
Number of existing VLANs          :5
VTP Operating Mode                :client
VTP Domain Name                   :lym01
VTP Pruning Mode                  :Disabled
VTP V2 Mode                       :Disabled
VTP Traps Generation              :Disabled
MD5 digest                        :0xDC 0xBD 0x4C 0x63 0x43 0xCA 0x69 0xA8
Configuration last modified by0.0.0.0 at 0-0-00 00:00:00
Sw3#show vtp status
VTP Version                       :2
Configuration Revision            :0
Maximum VLANs supported locally   :256
Number of existing VLANs          :5
VTP Operating Mode                :client
VTP Domain Name                   :lym01
VTP Pruning Mode                  :Disabled
VTP V2 Mode                       :Disabled
VTP Traps Generation              :Disabled
MD5 digest                        :0xDC 0xBD 0x4C 0x63 0x43 0xCA 0x69 0xA8
Configuration last modified by0.0.0.0 at 0-0-00 00:00:00
```

步骤4：在 sw1 上添加 vlan10 和 vlan20。

```
Sw1#vlan database
Sw1(vlan)vlan 10 nametest1
Sw1(vlan)vlan 20 nametest2
```

查看一下 vlan 信息

```
Sw1#show vlan brief
```

5. 实验调试及注意事项

同时查看一下 sw2 和 sw3，vlan 是否学到了 vlan10 和 vlan20，如果学习到了则代表实验成功。

注意事项：(1) 每台交换机的域名必须相同。
(2) 必须启用中继链路。
(3) 交换机必须是相邻的。

9.5 VLAN 基本命令汇总

表 9-1　VLAN 基本命令汇总表

命　　令	作　　用
switch#vlan database	进入 VLAN 设置
switch（vlan）#vlan 2	建 VLAN 2
switch（vlan）#name 名字	建 VLAN 2 的名称
switch（vlan）#no vlan 2	删 VLAN 2
switch（config）#int f0/1	进入端口 f0/1
switch（config-if）#switchport mode access	设置当前端口为访问模式
switch（config-if）#switchport access vlan 2	当前端口加入 VLAN 2
switch（config-if）#switchport mode trunk	设置当前端口为中继模式
switch（config-if）#switchport trunk encapsulation dot1q	设置 VLAN 中继协议
switch（config-if）#no switchport mode	禁用干线
switch（config-if）#switchport trunk allowed vlan add 1,2	从 Trunk 中添加 vlans
switch（config-if）#switchport trunk allowed vlan remove 1,2	从 Trunk 中删除 vlans
switch（config-if）#switchport trunk pruning vlan remove 1,2	从 Trunk 中关闭局部修剪
switch（config）#vtp domain	设置 VTP 域名
switch（config）#vtp password	设置 VTP 密码
switch（config）#vtp mode server	设置 VTP 服务器模式
switch（config）#vtp mode client	设置 VTP 客户机模式
switch（config）#vtp mode transparent	设置 VTP 透明模式
switch（config）#vtp version	设置 VTP 版本
switch（config）#vtp pruning	启用 VTP 修剪
switch（config）#no vtp pruning	关闭 VTP 修剪

第 10 章　STP

10.1　STP 理论指导

随着网络技术的发展，透明网桥开始应用，它比只会放大和广播信号的集线器聪明得多。它的学习能力是把发向它的数据帧的源 MAC 地址和端口号记录下来，下次碰到这个目的 MAC 地址的报文就只从记录中的端口号发送出去，除非目的 MAC 地址没有记录在案或者目的 MAC 地址本身就是多播地址才会向所有端口发送。通过透明网桥，不同的局域网之间可以实现互通，网络可操作的范围得以扩大，而且由于透明网桥具备 MAC 地址学习功能，而不会像 Hub 那样造成网络报文冲撞泛滥。

透明网桥也有它的缺陷，它的缺陷就在于它的透明传输。透明网桥并不能像路由器那样知道报文可以经过多少次转发，一旦网络存在环路就会造成报文在环路内不断循环和增生，出现广播风暴。

为了解决这一问题，提出了生成树协议。

10.1.1　STP

STP（Spanning Tree Protocol）是生成树协议的英文缩写。该协议可应用于环路网络，通过一定的算法实现路径冗余，同时将环路网络修剪成无环路的树型网络，从而避免报文在环路网络中的增生和无限循环。

STP 的基本思想就是生成"一棵树"，树的根是一个称为根桥的交换机，根据设置不同，不同的交换机会被选为根桥，但任意时刻只能有一个根桥。由根桥开始，逐级形成一棵树，根桥定时发送配置报文，非根桥接收配置报文并转发，如果某台交换机能够从两个以上的端口接收到配置报文，则说明从该交换机到根有不止一条路径，便构成了循环回路，此时交换机根据端口的配置选出一个端口并把其他的端口阻塞，消除循环。当某个端口长时间不能接收到配置报文的时候，交换机认为该端口的配置超时，网络拓扑可能已经改变，此时重新计算网络拓扑，重新生成一棵树。

STP 协议中定义了根桥（RootBridge）、根端口（RootPort）、指定端口（DesignatedPort）、路径开销（PathCost）等概念，目的就在于通过构造一棵自然树的方法达到裁剪冗余环路的目的，同时实现链路备份和路径最优化。用于构造这棵树的算法称为生成树算法 SPA（Spanning Tree Algorithm）。

要实现这些功能，网桥之间必须要进行一些信息的交流，这些信息交流单元就称为配置消息 BPDU（Bridge Protocol Data Unit）。STP BPDU 是一种二层报文，目的 MAC 是多播地址 01 - 80 - C2 - 00 - 00 - 00，所有支持 STP 协议的网桥都会接收并处理收到的 BPDU 报文。该报文的数据区里携带了用于生成树计算的所有有用信息。

1. 根桥选举过程

选举的依据是网桥优先级和网桥 MAC 地址组合成的桥 ID（Bridge ID），桥 ID 最小的网桥将成为网络中的根桥。在网桥优先级都一样（默认优先级是 32 768）的情况下，MAC 地址最小的网桥成为根桥。

根桥是拥有最小桥 ID 的交换机。选根网桥的目的是：以自己为根算出一条网络中没有环路的路径。根桥上的接口都是指定端口，会转发数据包。

2. 确定根端口

与根桥连接路径开销最少的端口为根端口，路径开销等于"1000"除以"传输介质的速率"。

根桥和根端口都确定之后是裁剪冗余的环路。这个工作是通过阻塞非根桥上相应端口来实现的。

生成树经过一段时间（默认值是 30 秒左右）稳定之后，所有端口要么进入转发状态，要么进入阻塞状态。STP BPDU 仍然会定时从各个网桥的指定端口发出，以维护链路的状态。如果网络拓扑发生变化，生成树就会重新计算，端口状态也会随之改变。

当然生成树协议还有很多内容，其他各种改进型的生成树协议都是以此为基础的，基本思想和概念都大同小异。STP 协议给透明网桥带来了新生。但是它还是有缺点的，STP 协议的缺陷主要表现在收敛速度上。

10.1.2 PVST

当网络上有多个 VLAN 时，PVST（per vlan STP）会为每个 VLAN 构建一棵 STP 树。这样的好处是可以独立地为每个 VLAN 控制哪些接口要转发数据，从而实现负载平衡。缺点是如果 VLAN 数量很多，会给交换机带来沉重的负担。Cisco 交换机默认的模式就是 PVST。

10.1.3 RSTP

由于 STP 协议收敛速度慢，所以推出了快速生成树协议 RSTP（Rapid Spanning Tree Protocol）。RSTP 协议在 STP 协议基础上做了 3 点重要改进，使得收敛速度快得多（最快 1 秒以内）。

• 第一点改进：为根端口和指定端口设置了快速切换用的替换端口（Alternate Port）和备份端口（Backup Port）两种角色，当根端口/指定端口失效的情况下，替换端口/备份端口就会无时延地进入转发状态。

• 第二点改进：在只连接了两个交换端口的点对点链路中，指定端口只需与下游网桥进行一次握手就可以无时延地进入转发状态。如果是连接了 3 个以上网桥的共享链路，下游网桥是不会响应上游指定端口发出的握手请求的，只能等待两倍 Forward Delay 时间进入转发状态。

• 第三点改进：直接与终端相连，而不是把其他网桥相连的端口定义为边缘端口（Edge Port）。边缘端口可以直接进入转发状态，不需要任何延时。由于网桥无法知道端口是否是直接与终端相连，所以需要人工配置。

可见，RSTP 协议相对于 STP 协议的确改进了很多。为了支持这些改进，BPDU 的格式做了一些修改，但 RSTP 协议仍然向下兼容 STP 协议，可以混合组网。虽然如此，RSTP

和 STP 一样同属于单生成树 SST（Single Spanning Tree），有它自身的诸多缺陷，主要表现在以下 3 个方面。

- 第一点缺陷：由于整个交换网络只有一棵生成树，在网络规模比较大的时候会导致较长的收敛时间，拓扑改变的影响面也较大。
- 第二点缺陷：在网络结构对称的情况下，单生成树也没什么大碍。但是，在网络结构不对称的时候，单生成树就会影响网络的连通性。
- 第三点缺陷：当链路被阻塞后将不承载任何流量，造成了带宽的极大浪费，这在环型城域网的情况下比较明显。

这些缺陷都是单生成树 SST 无法克服的，于是支持 VLAN 的多生成树协议出现了。

10.2 实验 1：STP 和 PVST

1. 实验目的

理解 STP 的工作原理；掌握 STP 树的控制；利用 PVST 进行负载平衡。

2. 虚拟场景

公司有 3 台交换机按图 10 - 1 所示拓扑形成了环路，配置 STP 以使交换机正常工作而不产生广播风暴。

3. 实验拓扑

如图 10 - 1 所示。

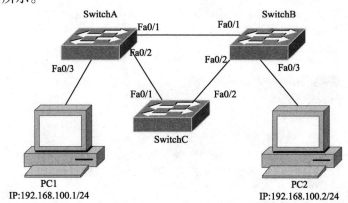

图 10 - 1　实验 1 拓扑图

4. 实验步骤

步骤 1：按照网络连接图（如图 10 - 1 所示）完成设备连接。
步骤 2：利用 VTP 在交换机上创建 VLAN2，在 SwitchA 与 SwitchB 之间配置 Trunk。

```
SwitchA(config)#vtp domain test
Changing VTP domain name from NULL to test
SwitchA(config)#vlan 2
```

```
SwitchA(config)#interface f0/1
SwitchA(config-if)#switchport mode trunk
```
//以上命令把 SwitchA 的 Fa0/1 改为 Trunk,由于 SwitchB 与 SwitchC 的默认端口状态是 auto 模式,所以 SwitchB 的 Fa0/1 与 Fa0/2 自动协商成 Trunk,SwitchC 的 Fa0/1 与 Fa0/2 也自动协商成 Trunk。

步骤 3:先验证初始 STP 状态。

```
SwitchA#show spanning-tree
VLAN0001
  Spanning tree enabled protocol ieee
```
//以上表明运行的 STP 协议是 IEEE 的 802.1D
```
  Root ID    Priority    32769
             Address     0060.473D.23D7
             Cost        19
             Port        2(FastEthernet0/2)
             Hello Time  2 sec  Max Age 20 sec  Forward Delay
```
//以上显示 VLAN1 的 STP 树的根桥信息
```
  Bridge ID  Priority    32769   (priority 32768 sys-id-ext 1)
             Address     0060.706B.8D9B
             Hello Time  2 sec  Max Age 20 sec  Forward Delay 15 sec
             Aging Time  20
```
//以上显示该交换机的桥 ID
```
Interface        Role Sts Cost      Prio.Nbr Type
---------------- ---- --- ---       -------- -------
Fa0/2            Root FWD 19        128.2    P2p
Fa0/1            Desg FWD 19        128.1    P2p
Fa0/3            Desg FWD 19        128.3    P2p
```
//以上显示该交换机各个端口的状态,Fa0/2 为根口,Fa0/1 和 Fa0/3 是指定端口,三个端口都处于转发状态。
```
VLAN0002
  Spanning tree enabled protocol ieee
  Root ID    Priority    32770
             Address     0060.706B.8D9B
             This bridge is the root
             Hello Time  2 sec  Max Age 20 sec  Forward Delay 15 sec
  Bridge ID  Priority    32770   (priority 32768 sys-id-ext 2)
             Address     0060.706B.8D9B
             Hello Time  2 sec  Max Age 20 sec  Forward Delay 15 sec
             Aging Time  20

Interface        Role Sts Cost      Prio.Nbr Type
---------------- ---- --- ---       -------- -------
Fa0/1            Desg FWD 19        128.1    P2p
```
//以上是 VLAN2 的 STP 树情况,VLAN2 的 STP 树和 VLAN1 的类似,默认时,Cisco 交换机会为每个 VLAN 都生成一个单独的 STP 树,称为 PVST(Per VLAN Spanning Tree)。

其他两个交换机的 STP 请读者自己查看。

步骤 4:配置 SwitchB 为 VLAN1 和 VLAN2 根桥。

当使用默认配置时，交换机优先级为 32 768，两者中 MAC 地址小的将成为根交换机。可以通过更改交换机优先级来指定根交换机。

```
SwitchB(config)#spanning-tree vlan 1 priority 4096
SwitchB(config)#spanning-tree vlan2 priority 4096
SwitchB#show spanning-tree
VLAN0001
  Spanning tree enabled protocol ieee
  Root ID    Priority     4097
             Address      0090.21AD.B98C
             This bridge is the root
             Hello Time  2 sec  Max Age 20 sec  Forward Delay 15 sec
  Bridge ID  Priority     4097   (priority 4096 sys-id-ext 1)
             Address      0090.21AD.B98C
             Hello Time  2 sec  Max Age 20 sec  Forward Delay 15 sec
             Aging Time  20

Interface         Role Sts Cost      Prio.Nbr Type
---- ------------------------------- -------- ---------------
Fa0/1             Desg FWD 19        128.1    P2p
Fa0/2             Desg FWD 19        128.2    P2p
Fa0/3             Desg FWD 19        128.3    P2p
VLAN0002
  Spanning tree enabled protocol ieee
  Root ID    Priority     4098
             Address      0090.21AD.B98C
             This bridge is the root
             Hello Time  2 sec  Max Age 20 sec  Forward Delay 15 sec
  Bridge ID  Priority     4098   (priority 4096 sys-id-ext 2)
             Address      0090.21AD.B98C
             Hello Time  2 sec  Max Age 20 sec  Forward Delay 15 sec
             Aging Time  20
Interface         Role Sts Cost      Prio.Nbr Type
---- ------------------------------- -------- ---------------
Fa0/1             Desg FWD 19        128.1    P2p
SwitchA#show spanning-tree
VLAN0001
  Spanning tree enabled protocol ieee
  Root ID    Priority     4097
             Address      0090.21AD.B98C
             Cost         19
             Port         1(FastEthernet0/1)
             Hello Time  2 sec  Max Age 20 sec  Forward Delay 15 sec
  Bridge ID  Priority     32769  (priority 32768 sys-id-ext 1)
             Address      0060.706B.8D9B
             Hello Time  2 sec  Max Age 20 sec  Forward Delay 15 sec
             Aging Time  20
Interface         Role Sts Cost      Prio.Nbr Type
---- ------------------------------- -------- ---------------
```

```
Fa0/2                Altn BLK 19        128.2    P2p
Fa0/1                Root FWD 19        128.1    P2p
Fa0/3                Desg FWD 19        128.3    P2p
```
//以上表明，Fa0/2 处于阻塞状态，Fa0/1 是根端口，Fa0/3 是指定端口。
```
VLAN0002
  Spanning tree enabled protocol ieee
  Root ID    Priority    4098
             Address     0090.21AD.B98C
             Cost        19
             Port        1(FastEthernet0/1)
             Hello Time  2 sec  Max Age 20 sec  Forward Delay 15 sec
  Bridge ID  Priority    32770   (priority 32768 sys-id-ext 2)
             Address     0060.706B.8D9B
             Hello Time  2 sec  Max Age 20 sec  Forward Delay 15 sec
             Aging Time  20
Interface           Role Sts Cost      Prio.Nbr Type
---- -------------------------------   -------- ----------------
Fa0/1               Root FWD 19        128.1    P2p
```

步骤5：配置 PC1 和 PC2 的 IP 地址，验证网络拓扑发生变化时，ping 的丢失包的情况。

用 ping 命令从 PC1 连续探测 PC2，命令如下：

```
PC>ping 192.168.100.2       // 连续探测 PC2，显示结果如下。
Pinging 192.168.100.2 with 32 bytes of data:
Reply from 192.168.100.2:bytes=32 time=156ms TTL=128
Reply from 192.168.100.2:bytes=32 time=78ms TTL=128
Reply from 192.168.100.2:bytes=32 time=94ms TTL=128
Reply from 192.168.100.2:bytes=32 time=93ms TTL=128
```

可以正常 ping 通。

5. 实验思考问题

（1）断开交换机的 SwitchA 与 SwitchB 的连接，观察 ping 的执行情况，可以发现会丢失若干个包，显示 Request timed out，一段时间后，系统自动恢复连通。为什么？

（2）请查看每台交换机桥 ID，在默认状态下，自己计算两个 VLAN 中哪台交换机是根桥？哪些端口为根端口？哪些端口为指定端口？哪些端口处于阻塞状态？

10.3 实验2：RSTP

1. 实验目的

理解快速生成树协议 RSTP 的原理，掌握其配置方法。

2. 虚拟场景

现要将两台交换机双链路连接，配置 RSTP，使交换机有备份线路，但不形成广播风暴。

3. 实验拓扑

如图 10-2 所示。

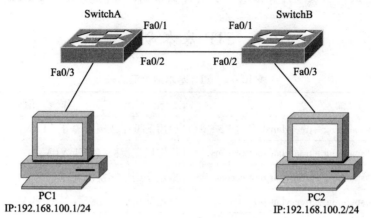

图 10-2 实验 2 拓扑图

4. 实验步骤

步骤 1：按图 10-2 所示进行连接，并且为计算机设置 IP 地址。

步骤 2：假设 SwitchA 的 MAC 地址小于 SwitchB 的 MAC 地址，在默认情况下，SwitchA 应该是根桥，SwitchB 的 Fa0/2 应该为阻塞端口。

注：交换机默认优先级为 32 768，则 MAC 地址小的交换机为根桥，即 SwitchA。SwitchB 到 SwitchA 有两条路径，Cost 值相同，所以选举端口号小的为根端口，则 Fa0/2 为阻塞状态。

步骤 3：关闭 SwitchB 上的 Fa0/1 端口，观察 STP 树的重新生成。

在 SwitchB 上关闭 Fa0/1 端口后，重复执行 "show spanning-tree"，可以看到 Fa0/2 经过 30s 后进入转发状态。

步骤 4：配置 RSTP。

```
SwitchA(config)#spanning-tree mode rapid-pvst
SwitchB(config)#spanning-tree mode rapid-pvst
```

步骤 5：在 SwitchB 上重新关闭 Fa0/1 端口，观察 STP 树的重新生成。

在 SwitchB 上重新打开 Fa0/1 端口，确认 STP 稳定后，在 SwitchB 上关闭 Fa0/1 端口，重复执行 "show spanning-tree"，可以看到 Fa0/2 马上进入转发状态，这说明 RSTP 的收敛比普通 STP 有了很大的改善。

5. 实验调试及注意事项

RSTP 收敛速度较 STP 快了很多，这也正是 RSTP 的优势所在。

注意事项：(1) CISCO 交换机默认情况下是开启 spanning-tree 的。

(2) 可以修改交换机的优先级，也可以修改端口的优先级，以及配置路径花费等，希望读者在完成基本实验的前提下，多做扩展练习。

6. 实验思考问题

考虑快速生成树协议中计算根的算法有什么缺陷，如何修改？

10.4 STP 基本命令汇总

表 10-1 STP 基本命令汇总表

命　　令	作　　用
Switch（config）#spanning-tree vlan	启用 STP 生成树（基于 VLAN）
Switch（config）#spanning-tree vlan root primary	指定根交换机（基于 VLAN）
Switch（config）#spanning-tree vlan root secondary	指定备用根交换机（基于 VLAN）
Switch（config）#spanning-tree vlan priority	指定交换机优先级（基于 VLAN）
Switch（config）#no spanning-tree vlan priority	将交换机的优先级恢复默认值（基于 VLAN）
Switch（config-if）#spanning-tree vlan cost	指定端口成本（起用 TRUNK 的端口模式下）
Switch（config-if）#spanning-tree vlan port-prioty	指定交换机端口优先级（基于 VLAN）
Switch（config-if）#spanning-tree portfast	配置速端口（连接终端设备的端口状态）如 PC 机
Switch（config）#spanning-tree uplinkfast	配置上行速端口
Switch（config）#spanning-tree vlan hello-time	配置交换机 Hello 时间（基于 VLAN）
Switch（config）#spanning-tree vlan forward-time	修改转发延迟计时器（基于 VLAN）
Switch（config）#spanning-tree vlan max-time	修改最大老化时间（基于 VLAN）
Switch#show spanning-tree summery	检测 VLAN 生成树配置
Switch#show spanning-tree vlan detail	浏览详细生成树配置信息
Switch#show spanning-tree interface detail	浏览详细生成树端口配置信息

第 11 章　VLAN 间路由

11.1　VLAN 间路由理论指导

在交换机上划分 VLAN 后，VLAN 间的计算机就无法通信了，因为 VLAN 间的通信需要借助第三层设备，所以可以使用路由器来实现这个功能，通常会采用单臂路由模式。实践中，VLAN 间的路由大多是通过三层交换机实现的，三层交换机可以看成是路由器加交换机，然而因为采用了特殊的技术，其数据处理能力比路由器要大得多。

11.1.1　物理接口和子接口

使用物理接口的传统 VLAN 间路由具有一定的局限性。随着网络中 VLAN 数量的增加，每个 VLAN 配置一个路由器接口的物理方式将受到路由器物理硬件的局限。路由器用于连接不同 VLAN 的物理接口数量有限，因此子接口便是最好的选择。

物理接口和子接口的区别见表 11-1。

表 11-1　物理接口和子接口的区别

物理接口	子接口
每个 VLAN 占用一个物理接口	多个 VLAN 占用一个物理接口
无带宽争用	带宽争用
连接到接入模式交换机端口	连接到中继模式交换机端口
成本高	成本低
连接配置较复杂	连接配置较简单

11.1.2　单臂路由

处于不同 VLAN 的计算机即使它们是在同一交换机上，它们之间的通信也必须使用路由器。可以在每个 VLAN 上设置一个以太网口和路由器连接。采用这种方法，如果要实现 N 个 VLAN 间的通信，则路由器需要 N 个以太网接口，同时也会占用 N 个交换机上的以太网接口。单臂路由提供了一种解决方案。路由器只需要一个以太网接口和交换机连接，交换机的这个接口设置为 Trunk 接口。在路由器上创建多个子接口和不同的 VLAN 连接，子接口是路由器物理接口上的逻辑接口。如图 11-1 所示，当交换机收到 VLAN1 的计算机发送的数据帧后，从它的 Trunk 接口发送数据给路由器，由于该链路是 Trunk 链路，帧中带有 VLAN1 的标签，帧到了路由器后，如果数据要转发到 VLAN2 上，路由器将把数据帧的 VLAN1 标签去掉，重新用 VLAN2 的标签进行封装，通过 Trunk 链路发送到交换机上的 Trunk 接口；交换机收到该帧，去掉 VLAN2 标签，发送给 VLAN2 上的计算机，从而实现

VLAN 间的通信。

单臂路由的缺点如下。
- VLAN 之间的通信需要路由器来完成。
- 数据量增大，路由器与交换机之间的通道会成为整个网络的瓶颈。

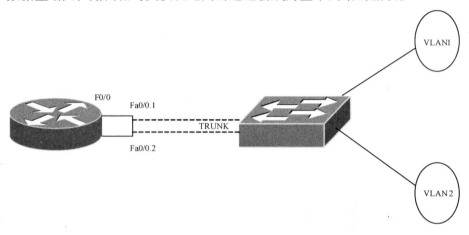

图 11-1 单臂路由示意

单臂路由配置语法格式如下：

```
Router(config)# interface {type  slot / port.No}
Router(config-subif)#encapsulation dot1q vlanID
```

参数说明如下。

type slot / port.No：创建子接口。

encapsulation dot1q vlanID：指明子接口封闭类型，并定义承载 vlanID 的流量。

11.1.3 三层交换

采用单臂路由实现 VLAN 间的路由时转发速率较慢，实际工作中在局域网内部采用三层交换的方式实现 VLAN 间路由。由于三层交换机采用硬件来实现路由，所以其路由数据包的速率是普通路由器的几十倍。从使用者的角度，可以把三层交换机看成是二层交换机和路由器的组合。现在 Cisco 主要采用 CEF 的三层交换技术。在 CEF 技术中，交换机利用路由表形成转发信息库（FIB），FIB 和路由表是同步的，关键的是它的查询是硬件化，查询速度快得多。除了 FIB，还有邻接表（Adjacency Table），该表和 ARP 表有些类似，主要放置了第二层的封装信息。FIB 和邻接表都是在数据转发之前就已经建立准备好了，这样一有数据要转发，交换机就能直接利用它们进行数据转发和封装，不需要查询路由表和发送 ARP 请求，所以 VLAN 间的路由速率大大提高。如图 11-2 所示。

三层交换解决 VLAN 间路由中用到的命令。

命令格式如下：

```
Switch(config)#ip routing
```

参数说明如下。

ip routing：启用三层交换的路由功能。

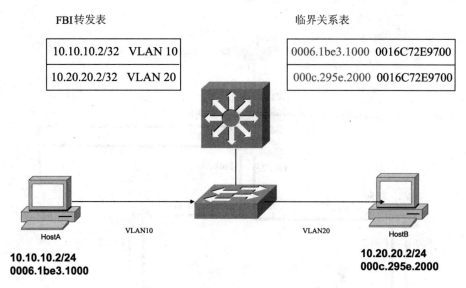

图 11-2　三层交换机数据转发图

11.2　实验1：普通 VLAN 间路由配置

1. 实验目的

（1）掌握多交换机多 VLAN 的划分方法。

（2）掌握不同 VLAN 间路由方法。

（3）掌握单臂路由方法。

2. 虚拟场景

假设一个公司中有6台计算机，分别命名为 PC1~PC6，PC1、PC3 和 PC5 为同一部门计算机但位于不同交换机上，PC2、PC4 和 PC6 为同一部门也位于不同交换机上。为了缩小广播域划分了 VLAN，利用路由器单臂路由功能使两个部门能够相互通信。

3. 实验拓扑图

如图 11-3 所示。

4. 实验步骤

步骤1：分别为各 PC 机设置 IP 地址，PC1、PC3、PC5 的 IP 地址分别设置成 192.168.1.1、192.168.1.3、192.168.1.5，网关均为 192.168.1.254，PC2、PC4、PC6 的 IP 地址分别设置成 192.168.2.2、192.168.2.4、192.168.2.6，网关均为 192.168.2.254，子网掩码全部为 255.255.255.0。

步骤2：在各交换机上分别建立 VLAN 10 和 VLAN 20，分别把各交换机的 f0/1 端口加到 VLAN 10 中，把 f0/2 端口加到 VLAN 20 中。

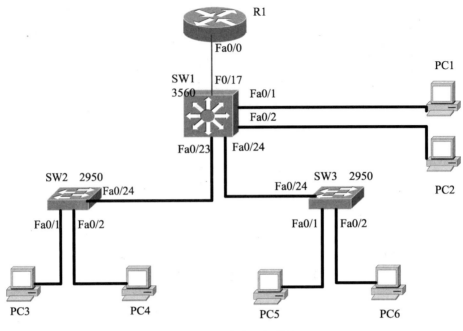

图 11－3　实验 1 拓扑图

```
SW1(config)#vlan 10
SW1(config)#vlan 20
SW1(config)#inter f0/1
SW1(config-if)#switchport mode access
SW1(config-if)#switchport access vlan 10
SW1(config-if)#inter f0/2
SW1(config-if)#switchport mode access
SW1(config-if)#switchport access vlan 20
```

交换机 SW2 与 SW3 设置方法类似。

步骤 3：把 SW1 的 f0/17、f0/23 和 f0/24 设置成 TRUNK 口，分别把 SW2 和 SW3 的 FA0/24 设置成 Trunk 口。

```
SW1(config)#inter f0/17
SW1(config-if)#switchport trunk encapsulation dot1q
SW1(config-if)#switchport mode trunk
SW1(config)#inter f0/23
SW1(config-if)#switchport trunk encapsulation dot1q
SW1(config-if)#switchport mode trunk
SW1(config)#inter f0/24
SW1(config-if)#switchport trunk encapsulation dot1q
SW1(config-if)#switchport mode trunk
```

SW2 和 SW3 的 f0/24 设置成 Trunk，方法同上。

步骤 4：在 R1 上设置单臂路由。

```
Router>enable
Router#config t
Router(config)#inter f0/0
Router(config)#no shut
Router(config)#exit
Router(config)#inter f0/0.1        //开启子接口,进入子接口模式
Router(config-subif)#encapsulation dot1q 10    //定义此接口承载 VLAN 10 的流量
Router(config-subif)#ip add 192.168.1.254 255.255.255.0
       //为此子接口配置 IP 地址,这个地址就是 VLAN 10 的网关
Router(config-subif)#no shut
Router(config-subif)#exit
Router(config)#inter f0/0.2
Router(config-subif)#encapsulation dot1q 20
Router(config-subif)#ip add 192.168.2.254 255.255.255.0
Router(config-subif)#no shut
```

5. 实验调试及注意事项

从 6 台 PC 机中任取一台,测试与其他 5 台 PC 机的通信。注意:如果计算机有两个网卡,请去掉另一网卡上设置的网关。

注意事项: S1 实际上是 Catalyst 3560 交换机,该交换机具有三层功能,这里把它当作二层交换机使用了,有点大材小用。

6. 实验思考问题

(1) 如果交换机划分的 VLAN 比较多,会有什么弊端?
(2) 如果 VLAN 间流量比较大,会有什么后果?

11.3 实验 2:三层交换实现 VLAN 间路由

1. 实验目的

(1) 掌握三层交换机常规使用方法。
(2) 掌握多交换机多 VLAN 的划分方法。
(3) 初步了解校园网的交换机规划。

2. 虚拟场景

假设一个学校中有 6 个学院,每个学院中有多台计算机,一个学院的计算机被划分到同一个 VLAN 中,不同学院的计算机被划分到不同的 VLAN 中,利用三层交换机使学校内部所有计算机能够相互通信。

3. 实验拓扑图

如图 11-4 所示。

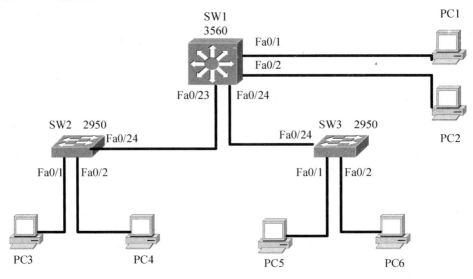

图 11-4 实验 2 拓扑图

4. 实验步骤

步骤 1：删除交换机的原有配置，恢复到出厂状态。

```
Switch > enable
Switch#erase startup - config
Switch#delete flash:vlan.dat
Switch#reload
```

分别在 3 台交换机上执行上面命令，恢复交换机出厂设置。

步骤 2：IP 地址分配。

学校有 6 个学院，用 n 表示，n = 1……6。

每个学院各自独立使用一个 C 类地址段，即 192.168.11n.0，例如第三个学院，给它分配的地址为 192.168.113.0。

每个学院的网关均为本学院 C 类地址中最后一个可用的主机地址 254。

分别给每个学院配 1 台计算机，分别为 PCn；其 IP 地址分别为 192.168.111.1、192.168.112.1、192.168.113.1、192.168.114.1、192.168.115.1、192.168.116.1。

步骤 3：交换机划分 VLAN。

每个学院一个 VLAN，一个学校有 6 个 VLAN，分别是 VLAN111、VLAN112、VLAN113、VLAN114、VLAN115、VLAN116。学院之间地址不能混用，学院之间计算机可以互访。

```
SW1#configure terminal
SW1(config)#vlan 111
SW1(config - vlan)#vlan 112
SW1(config - vlan)#interface fa0/1
```

```
SW1(config-if)#switchport mode access
SW1(config-if)#switchport access vlan 111
SW1(config-if)#no shutdown
SW1(config-if)#interface fa0/2
SW1(config-if)#switchport mode access
SW1(config-if)#switchport access vlan 112
SW1(config-if)#noshutdown
SW1(config-if)#interface fa0/23
SW1(config-if)#switchport trunk encapsulation dot1q
SW1(config-if)#switchport mode trunk
SW1(config-if)#no shutdown
SW1(config-if)#interface fa0/24
SW1(config-if)#switchport trunk encapsulation dot1q
SW1(config-if)#switchport mode trunk
SW1(config-if)#no shutdown
SW1(config-if)#exit
SW1(config)#vlan 113
SW1(config-vlan)#vlan 114
SW1(config-vlan)#vlan 115
SW1(config-vlan)#vlan 116
SW1(config-vlan)#inter vlan 111
SW1(config-if)#ip add 192.168.111.254 255.255.255.0
SW1(config-vlan)#inter vlan 112
SW1(config-if)#ip add 192.168.112.254 255.255.255.0
SW1(config-vlan)#inter vlan 113
SW1(config-if)#ip add 192.168.113.254 255.255.255.0
SW1(config-vlan)#inter vlan 114
SW1(config-if)#ip add 192.168.114.254 255.255.255.0
SW1(config-vlan)#inter vlan 115
SW1(config-if)#ip add 192.168.115.254 255.255.255.0
SW1(config-if)#inter vlan 116
SW1(config-if)#ip add 192.168.116.254 255.255.255.0
sw1(config)#ip routing          //启用三层交换机的路由功能
```

在 SW2 上操作如下：

```
SW2(config)#vlan 113
SW2(config-vlan)#vlan 114
SW2(config-vlan)#interface fa0/1
SW2(config-if)#switchport mode access
SW2(config-if)#switchport access vlan 113
SW2(config-if)#no shutdown
SW21(config-if)#interface fa0/2
SW2(config-if)#switchport mode access
SW2(config-if)#switchport access vlan 114
SW2(config-if)#no shutdown
SW2(config-if)#interface fa0/24
SW2(config-if)#switchport mode trunk
SW2(config-if)#no shutdown
```

在 SW3 上操作如下：

```
SW3(config)#vlan 115
SW3(config-vlan)#vlan 116
SW3(config-vlan)#interface fa0/1
SW3(config-if)#switchport mode access
SW3(config-if)#switchport access vlan 115
SW3(config-if)#no shutdown
SW3(config-if)#interface fa0/2
SW3(config-if)#switchport mode access
SW3(config-if)#switchport access vlan 116
SW3(config-if)#no shutdown
SW3(config-if)#interface fa0/24
SW3(config-if)#switchport mode trunk
SW3(config-if)#no shutdown
```

5. 实验调试及注意事项

（1）检查 S1 上的路由表

```
S1#show ip route
C 192.168.111.0 is directly connected,Vlan111
C 192.168.112.0 is directly connected,Vlan112
C 192.168.113.0 is directly connected,Vlan113
C 192.168.114.0 is directly connected,Vlan114
C 192.168.115.0 is directly connected,Vlan115
C 192.168.116.0 is directly connected,Vlan116
//和路由器一样，三层交换机上也有路由表。
```

（2）测试 PC1 和 PC2 间的通信

在 PC1 和 PC2 上配置 IP 地址和网关，PC1 的网关为 192.168.111.254，PC2 的网关为 192.168.112.254。测试 PC1 和 PC2 的通信。注意：如果计算机有两个网卡，请去掉另一网卡上设置的网关。

注意事项：用户也可以把 fa0/23 和 fa0/24 接口作为路由接口使用，这时它们就和路由器的以太网接口一样了，可以在接口上配置 IP 地址。如果 S1 上的全部以太网都这样设置，S1 实际上成了具有 24 个以太网接口的路由器了，本书不建议这样做，这样太浪费接口了。

配置示例如下：

```
S1(config)#interface fa0/10
S1(config-if)#no switchport
//该接口不再是交换接口了，成为了路由接口
S1(config-if)#ip address 10.0.0.254 255.255.255.0
```

6. 实验思考问题

能否在交换机中设置路由协议？

11.4　VLAN 间路由命令汇总

表 11-2　VLAN 间路由命令汇总表

命　令	作　用
Router（config）#inter fa0/0.1	创建子接口
Router（config-subif）#encapsulation dot1q 10	指明子接口承载哪个 VLAN 的流量和封装
Switch（config）# ip routing	打开路由功能
Switch（config-if）#no switchport	接口不作为交换机接口

第 12 章 ACL

12.1 ACL 理论指导

访问控制列表（Access Control List，即 ACL）是一种对网络通信流量的控制手段，可以限制网络流量、提高网络性能。在路由器接口处决定哪种类型的通信流量被转发或被阻塞。

ACL 使用包过滤技术，在路由器上读取第三层及第四层包头中的信息，如源地址、目的地址、源端口、目的端口等，根据预先定义好的规则对包进行过滤，从而达到访问控制的目的。

ACL 是一系列 permit 或 deny 语句组成的顺序列表，应用于 IP 地址或上层协议。ACL 可以从数据提取以下信息，根据规则进行测试，然后决定是"允许"还是"拒绝"：

- 源 IP 地址
- 目的 IP 地址
- ICMP 消息类型
- TCP/UDP 源端口
- TCP/UDP 目的端口

当每个数据包经过端口时，都会与该端口上的 ACL 中的语句从上到下一条一条地进行比对，如果数据包报头与某条 ACL 语句匹配，由匹配的语句决定是允许还是拒绝该数据包。如果数据包报头与 ACL 语句不匹配，那么将使用列表中的下一条语句测试数据包，直到抵达列表末尾。最后一条隐含的语句适用于不满足之前任何条件的所有数据包，并会发出"拒绝"指令，直接丢弃它们。最后这条语句通常称为"隐式 deny any 语句"或"拒绝所有流量"语句。由于该语句的存在，所以 ACL 中应该至少包含一条 permit 语句，否则 ACL 将阻止所有流量。

3P 原则：每种协议（Per protocol）、每个方向（Per direction）、每个端口（Per interface）配置一个 ACL。

在适当的位置放置 ACL 可以过滤掉不必要的流量，使网络更加高效。一般原则为：尽可能把扩展 ACL 放置在距离要被拒绝的通信流量近的地方；标准 ACL 由于不能指定目的地址，所以它们应该尽可能放置在距离目的地最近的地方。

当要删除 ACL 时，首先在端口上输入 no ip access – group 命令，然后输入全局命令 no access – list 删除整个 ACL。

通配符掩码：通配符掩码是一串二进制数字，它告诉路由器应该查看子网号的哪个部分。尽管通配符掩码与子网掩码没有任何功能上的联系，但它们确实具有相似的作用。此掩码用于确定应该为地址匹配应用多少位 IP 源或目的地址。掩码中的数字 1 和 0 标识如何处理相应的 IP 地址位。

- 通配符掩码位 0——匹配地址中对应位的值。
- 通配符掩码位 1——忽略地址中对应位的值。

12.1.1 标准 ACL

标准 ACL 的序列号的范围是 1~99 或 1300~1999 之间。标准 IPACL 仅仅根据源 IP 地址允许或拒绝流量，其中反掩码用于控制网段范围。另外如果使用关键字 host，反掩码即为 0.0.0.0，可省略不写。并且要一定记住 IP ACL 末尾默认隐含的全部拒绝。

标准 ACL 的格式为：

```
Router(config)#access-list{access-list-number}{permit|deny}[host]{source-ip-address}[inverse-mask]
```

接口配置模式下应用 IP ACL：

```
Router(config-if)#ip access-group {access-list-number} {in|out}
```

参数说明如下。

access – list – number：ACL 的编号。
deny：匹配条件时拒绝访问。
permit：匹配条件时准许访问。
source – ip – address：源 IP 地址。
inverse – mask：通配符掩码。
In：在数据进入路由器前检测数据。
Out：在数据出路由器前检测数据。

例如，在图 12-1 中禁止 PC 1 所在的网段所有计算机访问路由器 R2。

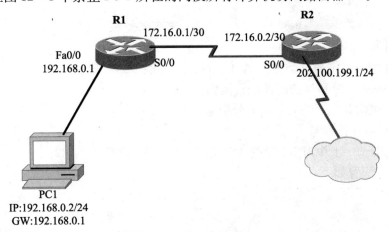

图 12-1 标准 ACL 示例图

假设在路由器 R1 和 R2 上已经配置了接口 IP 和路由协议，PC1 能与 R2 正常通信，然后在路由器 R2 配置如下：

```
R2#configure terminal
Enter configuration commands,one per line. End with CNTL/Z.
```

```
R2(config)#access-list 1 deny 192.168.0.0 0.0.0.255    //建立 ACL,拒绝 192.168.0.0
                                                         网段
R2(config)#access-list 1 permit any       //允许所有流量,注意 ACL 匹配从上向下进行,
第一条匹配成功,第二条不起作用,所以这一条允许的所有流量并不包括 192.168.0.0 的流量。
R2(config)#interface serial 0/0
R2(config-if)#ip access-group 1 in       //在 s0/0 网段上应用编号为 1 的 ACL
R2(config-if)#end
R2#
测试:PC1 >ping 172.16.0.2
Pinging 172.16.0.2 with 32 bytes of data:
Request timed out.
……
```

这说明 ACL 已经起作用。

12.1.2 扩展 ACL

扩展 ACL 的序列号的范围是 100～199,扩展 ACL 根据多种属性(例如协议类型、源 IP 地址、目的 IP 地址、源 TCP 或 UDP 端口、目的 TCP 或 UDP 端口)过滤 IP 数据包,并可依据协议类型信息(可选)进行更为精确的控制。

扩展 IPACL 的格式为:

```
Router(config)# access-list {access-list-number} {permit|deny} protocol
source [inverse-mask] [operator port-number] destination [inverse-mask] [oper-
ator port-number] [established]
```

接口配置模式下应用 ACL:

```
Router(config-if)#ip access-group {access-list-number} {in|out}
```

参数说明如下。

protocol:用来指定协议类型,如 IP、TCP、UDP、ICMP 以及 IGRP。

inverse-mask:源和目的的通配符掩码。

operator:包括 lt、gt、eq、neq(分别是小于、大于、等于、不等于)和一个端口号。

port-number:端口号。

例如,在图 12-1 中对 R2 设置 ACL 禁止 PC 1 Telnet 路由器 R2。

路由器 R2 配置如下:

```
R2#configure terminal
Enter configuration commands,one per line. End with CNTL/Z.
R2(config)#access-list 101 deny tcp 192.168.0.0 0.0.0.255 host 172.16.0.2 eq 23
R2(config)#access-list 101 deny tcp 192.168.0.0 0.0.0.255 host 202.100.199.1 eq 23
//telnet 使用 TCP23 号端口,这里被拒绝。
R2(config)#access-list 101 permit ip any any //允许 IP 数据包从任何地方流向任何地方
R2(config)#interface serial 0/0
R2(config-if)#ip access-group 101 in
R2(config-if)#end
```

对路由器 R1 进行配置，拒绝来自子网 192.168.0.0 的 FTP 流量进入子网 172.16.0.0，但允许所有其他流量，配置如下：

```
R1#configure terminal
Enter configuration commands,one per line.End with CNTL/Z.
R1(config)#access-list 101 deny tcp 192.168.0.0 0.0.0.255 172.16.0.0 0.0.0.3 eq 21
R1(config)# access-list 101 deny tcp 192.168.0.0 0.0.0.255 172.16.0.0 0.0.0.3 eq 20
//ftp 使用 TCP 的 20 号和 21 号端口
R1(config)#access-list 101 permit ip any any
R1(config)#interface f0/0
R1(config-if)#ip access-group 101 in
R1(config-if)#end
```

12.1.3 命名 ACL

命名 ACL 允许在标准 ACL 和扩展 ACL 中，使用字符串代替前面所使用的数字来表示 ACL，命名 ACL 让人更容易理解其作用。命名 ACL 允许删除指定 ACL 中的具体条目。可以使用序列号将语句插入命名 ACL 中的任何位置。配置模式和命令语法与普通 ACL 略有不同。

标准命名 ACL 格式为：

```
Router(config)#ip access-list standard name
Router(config-std-nacl)# {permit|deny} [host] {source-ip-address}[inverse-mask]
```

接口配置模式下应用命名 ACL：

```
Router(config-if)#ip access-group {name} {in|out}
```

扩展命名 ACL 格式为：

```
Router(config)#ip access-list extended name
Router(config-ext-nacl)#{permit|deny} protocol source [inverse-mask] [operator port-number] destination [inverse-mask] [operator port-number] [established]
```

接口配置模式下应用命名 ACL：

```
Router(config-if)#ip access-group {name} {in|out}
```

参数说明如下。

extended：用来指定该 ACL 为命名的扩展 ACL。

standard：用来指定该 ACL 为命名的标准 ACL。

例如，在图 12-1 中禁止 PC 1 访问路由器 R2。

路由器 R2 配置如下：

```
R2#configure terminal
Enter configuration commands,one per line.End with CNTL/Z.
R2(config)#ip access-list standard jinzhipc1    //标准 ACL，名为 jinzhipc1
R2(config-std-nacl)# deny 192.168.0.0 0.0.0.255
R2(config-std-nacl)# permit any
```

```
R2(config)#interface serial 0/0
R2(config-if)#ip access-group jinzhipc1 in
R2(config-if)#end
R2#
```

例如,在图 12-1 中禁止 PC 1 Telnet 路由器 R2。

路由器 R2 配置如下:

```
R2#configure terminal
Enter configuration commands,one per line.End with CNTL/Z.
R2(config)#ip access-list extended dpc1t
R2(config-ext-nacl)# deny tcp 192.168.0.0 0.0.0.255 host 172.16.0.2 eq 23
R2(config-ext-nacl)# deny tcp 192.168.0.0 0.0.0.255 host 202.100.199.1 eq 23
R2(config-ext-nacl)# permit ip any any
R2(config)#interface serial 0
R2(config-if)#ip access-group dpc1t in
R2(config-if)#end
```

12.1.4 在 VTY 上应用 ACL

在 VTY 线路上使用 ACL,过滤流量,使 VTY 更加安全。只有编号访问列表可以应用到 VTY。

语法格式为:

```
Router(config-line)# access-class access-list-number {in [vrf-also] |out}
```

参数说明如下。

in:限制特定 Cisco 设备与访问列表中地址之间的传入连接。

out:限制特定 Cisco 设备与访问列表中地址之间的传出连接。

例如:

```
router(config)#line vty 0 4
router(config-line)#pass cisco
router(config-line)#login
router(config-line)#access-class11 in    //假设已经存在编号为 11 的 ACL
```

12.2 实验 1:标准 ACL

1. 实验目的

通过本实验掌握标准 ACL 的配置。

2. 虚拟场景

假设某公司有 3 个部门:财务部、销售部和人事部,配置标准 ACL 禁止销售部和人事部访问财务部。

3. 实验拓扑

如图 12-2 所示。

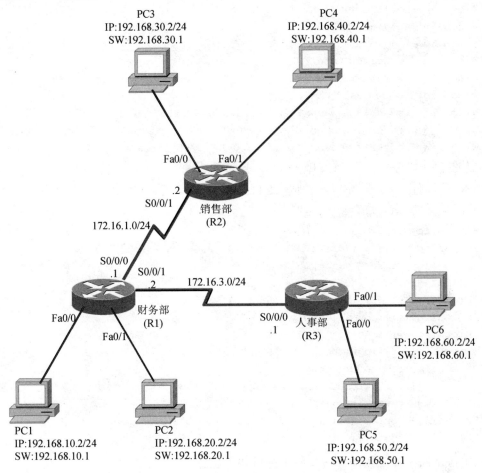

图 12-2 实验 1、实验 2、实验 3 和实验 4 拓扑图

4. 实验步骤

步骤 1：在各路由器上配置 IP 地址，串口时钟和路由协议，保证直连链路的连通（注：每台路由器的 S0/0/1 接口为 DCE）。

在财务部路由器 R1 上按图 12-2 所示进行如下设置：

```
ROUTER > enable
ROUTER #config terminal
Enter configuration commands,one per line.   End with CNTL/Z.
ROUTER(config)#hostname CW
CW(config)#inter fa0/0
CW(config-if)#ip address 192.168.10.1 255.255.255.0
CW(config-if)#no shutdown
CW(config)#inter fa0/1
CW(config-if)#ip address 192.168.20.1 255.255.255.0
```

```
CW(config-if)#no shutdown
CW(config-if)#inter s0/0/0
CW(config-if)#ip address 172.16.1.1   255.255.255.0
CW(config-if)#no shutdown
CW(config-if)#inter s0/0/1
CW(config-if)#ip address 172.16.3.2   255.255.255.0
CW(config-if)#clock rate 64000
CW(config-if)#no shutdown
CW(config)#router ospf 1
CW(config-router)#network 192.168.10.0 0.0.0.255 area 0
CW(config-router)#network 192.168.20.0 0.0.0.255 area 0
CW(config-router)# network 172.16.1.0 0.0.0.255 area 0
CW(config-router)# network 172.16.3.0 0.0.0.255 area 0
```

在人事部路由器上按图 12-2 所示进行如下设置：

```
ROUTER(config)#hostname RSB
RSB(config)#inter fa0/0
RSB(config-if)#ip address 192.168.50.1   255.255.255.0
RSB(config-if)#no shutdown
RSB(config)#inter fa0/1
RSB(config-if)#ip address 192.168.60.1   255.255.255.0
RSB(config-if)#no shutdown
RSB(config-if)#inter s0/0/0
RSB(config-if)#ip address 172.16.3.1   255.255.255.0
RSB(config-if)#no shutdown
RSB(config)#router ospf 1
RSB(config-router)#network 192.168.60.0   0.0.0.255 area 0
RSB(config-router)#network 192.168.50.0   0.0.0.255 area 0
RSB(config-router)# network 172.16.3.0   0.0.0.255 area 0
```

在销售部路由器上按图 12-2 所示进行如下设置：

```
ROUTER(config)#hostname XSB
XSB(config)#inter fa0/0
XSB(config-if)#ip address 192.168.30.1 255.255.255.0
XSB(config-if)#no shutdown
XSB(config)#inter fa0/1
XSB(config-if)#ip address 192.168.40.1 255.255.255.0
XSB(config-if)#no shutdown
XSB(config-if)#inter s0/0/1
XSB(config-if)#ip address 172.16.1.2   255.255.255.0
XSB(config-if)#clock rate 64000
XSB(config-if)#no shutdown
XSB(config)#router ospf 1
XSB(config-router)#network 192.168.30.0   0.0.0.255 area 0
XSB(config-router)#network 192.168.40.0   0.0.0.255 area 0
XSB(config-router)# network 172.16.1.0   0.0.0.255 area 0
```

按图 12-2 所示，为 PC 机配置 IP 地址、子网掩码和网关，到目前为止，6 台 PC 机都能够相互通信，请测试，如果有不成功现象，请检查。

步骤 2：在各个路由器上放置标准 ACL。

```
CW(config)#access-list 1 deny 192.168.50.0 0.0.0.255
CW(config)#access-list 1 deny 192.168.60.0 0.0.0.255
CW(config)#access-list 1 deny 192.168.30.0 0.0.0.255
CW(config)#access-list 1 deny 192.168.40.0 0.0.0.255
CW(config)#access-list 1 permit any
CW(config-if)#interf0/0
CW(config-if)#ip access-group 1 out
CW(config-if)#interf0/1
CW(config-if)#ip access-group 1 out
```

5. 实验调试及注意事项

人事部、销售部的主机 ping 财务部的主机都会出现以下情况：

```
PC>ping 192.168.10.2
Pinging 192.168.10.2 with 32 bytes of data:
Request timed out.
Request timed out.
```

但人事部与销售部之间是互通的。

注意事项：（1）每台路由器必须配置好路由协议，并且测试其连通性。

（2）注意标准 ACL 的放置位置：尽可能放置在距离目的地最近的地方。

6. 实验思考问题

在财务部路由器上 access-list 1 能否放在 s0/0/0 的入口上，同时放在 s0/0/1 的入口方向？为什么？

12.3 实验 2：扩展 ACL

1. 实验目的

通过本实验掌握扩展 ACL 的配置。

2. 虚拟场景

假设某公司有 3 个部门：财务部、销售部和人事部，禁止销售部 PC3 访问财务部的 PC1 上的 FTP 服务，禁止人事部的所有 PC 机 telnet 到财务部路由器，其他应用不受影响。

3. 实验拓扑

见图 12-2。

4. 实验步骤

步骤 1：在各路由器上配置 IP 地址，串口时钟和路由协议，保证直连链路的连通。

参照实验 1 步骤 1。

步骤 2：在各路由器上配置扩展 ACL。

在销售部的路由器上配置如下：

```
XSB(config)#access-list 111 deny tcp host 192.168.30.2 host 192.168.10.2 eq 20
XSB(config)#access-list 111 deny tcp host 192.168.30.2 host 192.168.10.2 eq 21
XSB(config)#access-list 111 permit ip any any
XSB(config)#inter s0/0/1
XSB(config-if)#ip access-group 111 out
```

在人事部的路由器上配置如下：

```
RSB(config)#access-list 111 deny tcp any host 172.16.3.2 eq telnet
RSB(config)#access-list 111 deny tcp any host 192.168.20.1 eq telnet
RSB(config)#access-list 111 deny tcp any host 192.168.10.1 eq telnet
RSB(config)#access-list 111 deny tcp any host 172.16.1.1 eq telnet
RSB(config)#access-list 111 permit ip any any
RSB(config)#inter s0/0/0
RSB(config-if)#ip access-group 111 out
```

注：如果拒绝 telnet 财务部路由器，应该拒绝财务部的所有端口，所以上面有 4 条 deny 语句。

5. 实验调试及注意事项

在 XSB 路由器上，用 show ip access-lists 命令查看路由器的 ACL：

```
XSB#show ip access-lists
Extended IP access list 111
    deny tcp host 192.168.30.2 host 192.168.10.2 eq 20
    deny tcp host 192.168.30.2 host 192.168.10.2 eq ftp
    permit ip any any
```

在 RSB 路由器上，用 show ip access-lists 命令查看路由器的 ACL：

```
RSB#show ip access-lists
Extended IP access list 111
    deny tcp any host 172.16.3.2 eq telnet
    deny tcp any host 192.168.20.1 eq telnet
    deny tcp any host 192.168.10.1 eq telnet
    deny tcp any host 172.16.1.1 eq telnet
    permit ip any any
```

在 PC6 上 telnet 财务部路由器，验证不能登录。

注意事项：（1）如果 access-list 出错，只需 no access-list access-list number，再重新编写即可。

（2）仔细体会 ACL 放置的地方。

6. 实验思考问题

如果禁止人事部所有 PC 机 telnet 财务部路由器，在人事部的路由器上，下面的设置是否正确？为什么？

```
RSB(config)#access-list 111 deny tcp any any eq 23
RSB(config)#access-list 111 permit ip any any
RSB(config)#inter s0/0/0
RSB(config-if)#ip access-group 111 out
```

12.4 实验3：命名ACL

1. 实验目的

通过本实验掌握命名ACL的配置。

2. 虚拟场景

假设某公司有3个部门：财务部、销售部和人事部，禁止人事部所有计算机ping到财务部任何计算机，禁止PC3访问其他部门计算机。

3. 实验拓扑

见图12-2。

4. 实验步骤

步骤1：在各路由器上配置IP地址，串口时钟和路由协议，保证直连链路的连通参照实验1步骤1。
步骤2：在路由器上配置命名ACL。
在销售部的路由器上配置如下：

```
XSB(config)#ip access-list standard STD_OUT
XSB(config-std-nacl)#deny host 192.168.30.2
XSB(config-std-nacl)#permit any
XSB(config)#inter s0/0/1
XSB(config-if)#ip access-group STD_OUT out
```

在人事部的路由器上配置如下：

```
RSB(config)# ip access-list extended EXT_OUT
RSB(config-ext-nacl)#deny icmp any 192.168.10.0 0.0.0.255
RSB(config-ext-nacl)#deny icmp any 192.168.20.0 0.0.0.255
RSB(config-ext-nacl)#permit ip any any
RSB(config)#inter s0/0/0
RSB(config-if)#ip access-group EXT_OUT out
```

5. 实验注意事项

（1）命名ACL是标准ACL和扩展ACL的一种，配置方法和标准ACL和扩展ACL稍有不同。

(2) 要删除命名 ACL，可以使用 no ip access – list extended name 或 no ip access – list standard name。

6. 实验思考问题

命名 ACL 和使用扩展 ACL 和标准 ACL 相比有哪些好处？

12.5　ACL 命令汇总

表 12 – 1　ACL 命令汇总表

命　　令	作　　用
Router#show ip access – lists	查看所定义的 IP 访问控制列表
Router#clear access – list counters	将访问控制列表计算器清零
Router（config）#access – list	定义 ACL
Router（config – if）#ip access – group	在接口下应用 ACL
Router（config – line）#access – class	在 VTY 下应用 ACL
Router（config）#ip access – list	定义命名的 ACL

第 13 章 NAT

13.1 NAT 理论指导

NAT（Network Address Translation）地址转换功能，是将内部网的私有地址转换成互联网上的合法地址，使得不具有合法 IP 地址的用户可以通过 NAT 访问到外部 Internet。减少了 IP 地址注册的费用以及节省了目前越来越缺乏的地址空间（即 IPV4）。同时，这也隐藏了内部网络结构，从而降低了内部网络受到攻击的风险。

通常情况下，一个企业申请的合法 Internet IP 地址很少，而内部网络用户很多，可以通过 NAT 功能实现多个用户同时共用一个合法 IP 与外部 Internet 进行通信。

另外，一个企业不想让外部网络用户知道自己的网络内部结构，可以通过 NAT 将内部网络与外部 Internet 隔离开，则外部用户根本不知道通过 NAT 设置的内部 IP 地址。

NAT 包括有静态 NAT、动态地址 NAT 和端口多路复用地址转换 3 种技术类型。

静态地址转换是将内部本地私有地址与公有地址进行一对一的转换，且需要指定和哪个公有地址进行转换。如果内部网络有 Email 服务器或 FTP 服务器等可以为外部用户提供的服务，这些服务器的 IP 地址必须采用静态地址转换，以便外部用户可以使用这些服务。

动态地址转换也是将本地私有地址与公有地址一对一的转换，但是是从一组公有地址中动态地选择一个未使用的地址对内部本地私有地址进行转换。

复用动态地址转换（Port Address Translation，即：端口地址转换）首先是一种动态地址转换，但是它可以允许多个内部本地私有地址共用一个合法地址，这样进一步减少了公有地址的使用。

注意：当多个用户同时使用一个 IP 地址，外部网络通过路由器利用 TCP 或 UDP 端口号等唯一标识某台计算机。

13.1.1 私有 IP 地址

私有 IP 地址是保留地址，仅供私有内部网络使用。带有这些地址的数据包不会通过 Internet 路由。

留用的内部私有地址目前主要有以下几类。

- A 类：10.0.0.0—10.255.255.255
- B 类：172.16.0.0—172.31.255.255
- C 类：192.168.0.0—192.168.255.255

NAT 技术中有 4 个术语，如下所示。

Inside Local：局域网内部主机拥有的一个真实地址，一般来说是一个私有地址。

Inside Global：对于外部网络来说，局域网内部主机所表现的 IP 地址。

OutsideLocal：外部网络主机的真实地址。

Outside Global：对于内部网络来说，外部网络主机所表现的 IP 地址。

13.1.2 静态 NAT

静态 NAT 使用本地地址与全局地址的一对一映射，这些映射保持不变。静态 NAT 对于可从 Internet 访问的 Web 服务器特别有用。

静态 NAT 命令格式为：

```
Router(config)#ip nat inside source static{local-ip} {global-ip}
Router(config)#interface{type number}
Router(config-if)#ip nat inside
Router(config)#interface{type number}
Router(config-if)#ip nat outside
```

参数说明如下。

local – ip：要进行转换的内部私有网络地址。

global – ip：可以用来转换的公有地址。

ip nat inside：将该接口标记为与内部连接。

ip nat outside：将该接口标记为与外部连接。

输入全局命令 no ip nat inside source static 可删除静态源地址转换。

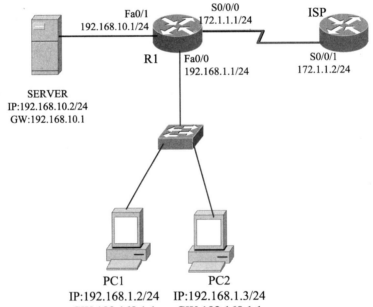

图 13-1　实验拓扑图

例如，如图 13-1 所示，在路由器 R1 上对服务器进行静态 NAT 配置如下。

在 R1 路由器上配置如下：

```
Router(config)#ip nat inside source static192.168.10.2 172.1.10.1
Router(config)#interfacefa0/1
```

```
Router(config-if)#ip nat inside
Router(config)#interfaces0/0/0
Router(config-if)#ip nat outside
```

查看 NAT 地址转换：

```
Router# show ip nat translations
Pro   Inside global      Inside local      Outside local      Outside global
---   172.1.10.1         192.168.10.2      ---                ---
Router#
```

在 ISP 上验证：

```
ISP#ping 172.1.10.1
Type escape sequence to abort.
Sending 5,100-byte ICMP Echos to 172.1.10.1,timeout is 2 seconds:
!!!!!
Success rate is 100 percent(5/5),round-trip min/avg/max = 62/62/63 ms
ISP#
```

通过 show ip nat translations 命令可以显示地址转换表，在表中多了一条"172.1.10.1，192.168.10.2"，其中"172.1.10.1"是内部全局公有地址，"192.168.10.2"是内部私有地址。

13.1.3 动态 NAT

动态 NAT 不是创建单一 IP 地址的静态映射，而是使用内部全局地址池。要配置动态 NAT，需要创建一个 ACL，ACL 中仅允许存放那些需要转换的地址。输入全局命令 no access-list access-list-number 可删除访问列表。

动态 NAT 命令格式为：

```
Router(config)#ip nat pool{name} {start-ip} {end-ip} {netmask netmask |prefix-length prefix-length}
Router(config)#access-list{access-list-number} permit source [source-wildcard]
Router(config)#ip nat inside source list{access-list-number} pool {name}
Router(config)#interface {type number}
Router(config-if)#ip nat inside
Router(config)#interface{type number}
Router(config-if)#ip nat outside
```

参数说明如下。

name：地址池的名字。

start-ip：地址池中可用的最小的 IP 地址。

end-ip：地址池中可用的最大的 IP 地址。

netmask：网络掩码。

prefix-length：地址池的长度。

source：允许被转换的私有地址。

ip nat inside：将该接口标记为与内部连接。

ip nat outside：将该接口标记为与外部连接。

输入命令 no ip nat inside source 可删除动态源地址转换。

例如，如图 13-1 所示，在路由器 R1 上对内部私有网络进行动态 NAT 配置如下：

```
Router(config)# ip nat pool dtnp 172.1.10.2 172.1.10.7 netmask 255.255.255.248
Router(config)#access - list11 permit 192.168.1.0 0.0.0.255
Router(config)#ip nat inside source list11 pool dtnp
Router(config)#interfacef0/0
Router(config - if)#ip nat inside
Router(config)#interfaces0/0/0
Router(config - if)#ip nat outside
```

如果在此时查看地址转换表时，会发现转换表没有新的内容增加。这是因为内部主机暂时还没和外部联系，当在 PC0 上 ping 172.1.1.2 后再看看地址转换表。

```
Router# show ip nat transaltion
Pro   Inside global     Inside local      Outside local     Outside global
icmp 172.1.10.2:5       192.168.1.2:5     172.1.1.2:5       172.1.1.2:5
icmp 172.1.10.2:6       192.168.1.2:6     172.1.1.2:6       172.1.1.2:6
icmp 172.1.10.2:7       192.168.1.2:7     172.1.1.2:7       172.1.1.2:7
icmp 172.1.10.2:8       192.168.1.2:8     172.1.1.2:8       172.1.1.2:8
---  172.1.10.1         192.168.10.2      ---               ---
```

这时会发现在 IP 地址后增加了一些数字，这些是 TCP 端口号。前面的 Pro 表示的是协议。172.1.1.2 是外部网络。这里把 192.168.1.2 转换成 172.1.10.2 和外部通信了。此时保留了上次的静态 NAT 转换结果。如果过一段时间 192.168.1.2 不和 172.1.1.2 通信，这些条目就会被清除。这是因为：动态 NAT 的 IP 是大家共用，要定时清理以供大家使用。静态 NAT 的条目不会被清除，即使重启路由还是会保留。

13.1.4 PAT

PAT 即端口多路复用（Port address Translation，PAT）是指改变外出数据包的源端口并进行端口转换，采用端口多路复用方式，内部网络的所有主机均可共享一个合法外部 IP 地址实现对 Internet 的访问，从而可以最大限度地节约 IP 地址资源。同时，又可隐藏网络内部的所有主机，有效避免来自 Internet 的攻击。因此，目前网络中应用最多的就是端口多路复用方式。

PAT 命令格式为：

```
Router(config)#ip nat pool{name} {start - ip} {end - ip} {netmask netmask |prefix - length prefix - length}
Router(config)#access - list{access - list - number} permit source [source - wildcard]
Router(config)# ip nat inside source list{acl - number} interface {type number} overload
```

第 13 章 NAT

```
Router(config)#interface{type number}
Router(config-if)#ip nat inside
Router(config)#interface{type number}
Router(config-if)#ip nat outside
```

参数说明见 13.1.3。

例如：如图 13-1 所示，在路由器 R1 上对内部私有网络进行动态 NAT 配置如下：

```
Router(config)#ip nat pool fynp 172.1.10.2 172.1.10.2 netmask 255.255.255.255
Router(config)#access-list11 permit 192.168.1.0 0.0.0.255
Router(config)#ip nat inside source list 11 pool fynp overload
Router(config)#interfacef0/0
Router(config-if)#ip nat inside
Router(config)#interfaces0/0/0
Router(config-if)#ip nat outside
```

在上个实验的基础上做这个实验一定要先把 list 删掉或者 no ip nat inside source list 11 pool dtnp 再 no ip nat pool dtnp 172.1.10.2 172.1.10.7 netmask 255.255.255.248。否则会出现：% Pool dtnp in use, cannot destroy。

```
Router# show ip nat transaltion
Pro   Inside global       Inside local      Outside local    Outside global
icmp  172.1.10.2:17       192.168.1.2:17    172.1.1.2:17     172.1.1.2:17
icmp  172.1.10.2:18       192.168.1.2:18    172.1.1.2:18     172.1.1.2:18
icmp  172.1.10.2:19       192.168.1.2:19    172.1.1.2:19     172.1.1.2:19
icmp  172.1.10.2:20       192.168.1.2:20    172.1.1.2:20     172.1.1.2:20
icmp  172.1.10.2:5        192.168.1.3:5     172.1.1.2:5      172.1.1.2:5
icmp  172.1.10.2:6        192.168.1.3:6     172.1.1.2:6      172.1.1.2:6
icmp  172.1.10.2:7        192.168.1.3:7     172.1.1.2:7      172.1.1.2:7
icmp  172.1.10.2:8        192.168.1.3:8     172.1.1.2:8      172.1.1.2:8
---   172.1.10.1          192.168.10.2      ---              ---
```

这时会发现内部的私有 IP 全都转换成了 172.1.10.2。

13.2 实验 1：静态 NAT 配置

1. 实验目的

通过本实验掌握静态 NAT 的配置。

2. 虚拟场景

假设某公司有 1 台服务器，100 台电脑，ISP 分配 202.206.97.1 作为路由器端口地址，ISP 分配 202.206.97.3 作为服务器 IP 地址，现在做地址规划并配置 NAT。本次试验中要使服务器和外网通信，但 100 台电脑不能访问外网，只能访问内网。

3. 实验拓扑

如图 13-2 所示。

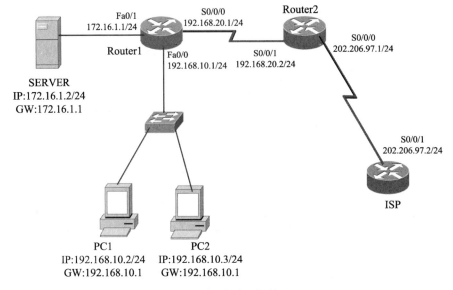

图 13-2　实验 1 拓扑图

4. 实验步骤

步骤 1：在各路由器上配置 IP 地址和串口时钟，并设置默认路由，保证直连链路的连通。

在路由器 Router1 上按图 13-2 所示进行如下设置：

```
Router1 >enable
Router1#config terminal
Enter configuration commands,one per line.  End with CNTL/Z.
Router1(config)#inter fa0/0
Router1(config-if)#ip address 192.168.10.1 255.255.255.0
Router1(config-if)#no shutdown
Router1(config-if)#inter fa0/1
Router1(config-if)#ip address 172.16.1.1 255.255.255.252
Router1(config-if)#no shutdown
Router1(config-if)#inter s0/0/0
Router1(config-if)#ip address 192.168.20.1 255.255.255.252
Router1(config-if)#no shutdown
Router1(config)#ip route 0.0.0.0  0.0.0.0  s0/0/0
```

在 Router2 上按图 13-2 所示进行如下设置：

```
Router2 >enable
Router2#config t
Enter configuration commands,one per line.  End with CNTL/Z.
Router2(config)#inter s0/0/1
Router2(config-if)#ip address 192.168.20.2 255.255.255.252
```

```
Router2(config-if)#clock rate 64000
Router2(config-if)#no shutdown
Router2(config-if)#inter s0/0/0
Router2(config-if)#ip address 202.206.97.1 255.255.255.0
Router2(config-if)#no shutdown
Router2(config)#ip rout 172.16.0.0   255.255.0.0    s0/0/1
Router2(config)#ip rout 192.168.0.0  255.255.0.0    s0/0/1
Router2(config)#ip rout 0.0.0.0 0.0.0.0 s0/0/0
```

在 ISP 服务器上只设置端口 IP 地址即可。

步骤 2：在服务器上测试。

```
SERVER>ping 202.206.97.2
Pinging 202.206.97.2 with 32 bytes of data:
Request timed out.
Request timed out.
Request timed out.
Request timed out.
Ping statistics for 202.206.97.4:
    Packets:Sent=4,Received=0,Lost=4(100% loss),
```

在 ISP 路由器上测试：

```
ISPr#ping 172.16.1.2
Type escape sequence to abort.
Sending 5,100-byte ICMP Echos to 172.16.1.2,timeout is 2 seconds:
.....
Success rate is 0 percent(0/5)
```

说明外网不能访问服务器，服务器也不能访问外网（即 ISP）。

步骤 3：在路由器 Router2 上配置静态 NAT。

```
Router2(config)#ip nat inside source static 172.16.1.2 202.206.97.3
Router2(config)#interface s0/0/1
Router2(config-if)#ip nat inside
Router2(config)#interface s0/0/0
Router2(config-if)#ip nat outside
```

5. 实验调试及注意事项

查看路由器的地址转换表：

```
Router2#show ip nat translations
Pro   Inside global      Inside local      Outside local      Outside global
---   202.206.97.3       172.16.1.2        ---                ---
```

在 ISP 上测试与服务器的连通性：

```
ISP#ping 202.206.97.3
Type escape sequence to abort.
Sending 5,100-byte ICMP Echos to202.206.97.3,timeout is 2 seconds:
!!!!!
Success rate is 100 percent(5/5),round-trip min/avg/max=62/62/63 ms
```

在服务器上测试与 ISP 的连通性：

```
SERVER>ping202.206.97.2
Pinging202.206.97.2 with 32 bytes of data:
Reply from202.206.97.2:bytes=32 time=93ms TTL=253
Reply from202.206.97.2:bytes=32 time=80ms TTL=253
Reply from202.206.97.2:bytes=32 time=78ms TTL=253
Reply from202.206.97.2:bytes=32 time=94ms TTL=253
Ping statistics for202.206.97.2:
    Packets:Sent=4,Received=4,Lost=0(0% loss),
Approximate round trip times in milli-seconds:
    Minimum=78ms,Maximum=94ms,Average=86ms
```

在 PC1 上测试与 ISP 的连通性：

```
PC>ping 202.206.97.2
Pinging 202.206.97.2 with 32 bytes of data:
Request timed out.
Request timed out.
Request timed out.
Request timed out.
Ping statistics for 202.206.97.2:
    Packets:Sent=4,Received=0,Lost=4(100% loss),
```

说明 PC1 不能访问外网。

注意事项：（1）注意每台路由器的路由配置。

（2）NAT 是否转换成功可以用 show ip nat translations 命令进行测试。

（3）可以用 ping 检测内部服务器是否和外界互通。

（4）在超时之前清除动态条目，使用 clear ip nat translation 全局命令。

6. 实验思考问题

（1）按图 13-2 所示，内部网络是否互通？

（2）为什么要加这两条路由：

```
Router2(config)#ip rout 172.16.0.0   255.255.0.0   s0/0/1
Router2(config)#ip rout 192.168.0.0  255.255.0.0   s0/0/1
```

13.3　实验 2：动态 NAT 配置

1. 实验目的

通过本实验掌握动态 NAT 的配置。

2. 虚拟场景

假设某公司有 1 台服务器和 100 台电脑，ISP 分配 202.206.97.1 作为端口地址，202.206.97.3 作为服务器外网地址，202.206.97.4—202.206.97.7 作为 100 台电脑使用的外网地址,现在请配置 NAT 使全网互通。

3. 实验拓扑

如图 13 - 2 所示。

4. 实验步骤

步骤 1:配置各路由器端口 IP 地址,及路由器 Router1 和 Router2 的路由协议并测试,请参考实验 1 中步骤 1 和步骤 2。

步骤 2:在实验 1 的基础上配置动态 NAT。

```
Router2(config)# ip nat pool dtnat 202.206.97.4 202.206.97.7 netmask 255.255.255.0
    //配置地址池,使 PC 机使用的公网 IP 地址放入地址池中。
Router2(config)#access - list 11 permit 192.168.0.0 0.0.255.255
    //创建访问列表,使内网中允许访问外网的 PC 机的 IP 放入访问列表。
Router2(config)#ip nat inside source list 11 pool dtnat
    //建立访问列表与地址池的映射关系。
Router2(config)#ip nat inside source static 172.16.1.2 202.206.97.3
    //建立静态 NAT,使服务器与固定的公网 IP 地址对应。
Router2(config)#interface s0/0/1
Router2(config - if)#ip nat inside
Router2(config)#interface s0/0/0
Router2(config - if)#ip nat outside
```

5. 实验调试及注意事项

查看路由器的 NAT 转换表:

```
Router#show ip nat translations
Pro   Inside global      Inside local       Outside local      Outside global
icmp 202.206.97.3:5      172.16.1.2:5       202.206.97.2:5     202.206.97.2:5
icmp 202.206.97.3:6      172.16.1.2:6       202.206.97.2:6     202.206.97.2:6
icmp 202.206.97.3:7      172.16.1.2:7       202.206.97.2:7     202.206.97.2:7
icmp 202.206.97.3:8      172.16.1.2:8       202.206.97.2:8     202.206.97.2:8
icmp 202.206.97.6:5      192.168.10.2:5     202.206.97.2:5     202.206.97.2:5
icmp 202.206.97.6:6      192.168.10.2:6     202.206.97.2:6     202.206.97.2:6
icmp 202.206.97.6:7      192.168.10.2:7     202.206.97.2:7     202.206.97.2:7
icmp 202.206.97.6:8      192.168.10.2:8     202.206.97.2:8     202.206.97.2:8
icmp 202.206.97.5:10     192.168.10.3:10    202.206.97.2:10    202.206.97.2:10
icmp 202.206.97.5:11     192.168.10.3:11    202.206.97.2:11    202.206.97.2:11
icmp 202.206.97.5:12     192.168.10.3:12    202.206.97.2:12    202.206.97.2:12
icmp 202.206.97.5:9      192.168.10.3:9     202.206.97.2:9     202.206.97.2:9
--- 202.206.97.3         172.16.1.2         ---                ---
```

查看本地 PC 主机和外网的连通:

```
PC > ping 202.206.97.2
Pinging 202.206.97.2 with 32 bytes of data:
Reply from 202.206.97.2:bytes = 32 time = 125ms TTL = 253
```

```
Reply from 202.206.97.2:bytes=32 time=125ms TTL=253
Reply from 202.206.97.2:bytes=32 time=110ms TTL=253
Reply from 202.206.97.2:bytes=32 time=125ms TTL=253
Ping statistics for 202.206.97.2:
    Packets:Sent=4,Received=4,Lost=0(0% loss),
Approximate round trip times in milli-seconds:
    Minimum=110ms,Maximum=125ms,Average=121msPC>
```

注意事项：(1) 地址池的地址范围和子网掩码。

(2) 两个主机占用地址池的两个地址，并且是从小到大依次占用。

(3) 地址池的名字是分大小写的。

6. 实验思考问题

(1) 在路由器 Router2 上，172.1.10.4 被静态 NAT 占用，是否影响 nat pool 中子网掩码的使用？

(2) 在路由器 router2 上，静态 NAT 和动态 NAT 都是设置 s0/0/1 为 ip nat inside，s0/0/0 为 ip nat outside，相互影响吗？

(3) 在这个拓扑图中（见图 13-2）4 个以上的主机同时访问外网，会怎样？

13.4 实验3：PAT 配置

1. 实验目的

通过本实验掌握 PAT 的配置。

2. 虚拟场景

假设某公司有 1 台服务器和 100 台电脑，ISP 分配 202.206.97.1 作为端口地址，202.206.97.3 作为服务器外网地址，100 台电脑共同使用端口 IP 地址与外网通信，现在请配置 PAT 使全网互通。

3. 实验拓扑

如图 13-2 所示。

4. 实验步骤

步骤1：删除路由器上的 NAT 配置。

```
Router2(config)#no ip nat inside source list 11
Router2(config)#no ip nat pool dtnat
Router2#clear ip nat translation *
```

步骤2：配置各路由器端口 IP 地址，及路由器 Router1 和 Router2 的路由协议并测试，请参考实验1中步骤1和步骤2。

步骤3：在路由器上进行 PAT 配置。

```
Router2(config)#ip nat inside source static 172.16.1.2 202.206.97.3
    //建立静态 NAT，使服务器与固定的公网 IP 地址对应。
Router2(config)#access-list 11 permit 192.168.0.0 0.0.255.255
//创建访问列表，使内网中允许访问外网的 PC 机的 IP 放入访问列表
Router2(config)#ip nat inside source list 11 internetface s0/0/0 overload
//建立访问列表与端口 IP 地址的映射关系，并配置过载。
Router2(config)#interface s0/0/1
Router2(config-if)#ip nat inside
Router2(config)#interface s0/0/0
Router2(config-if)#ip nat outside
```

或者在步骤1后，直接在路由器上进行 PAT 配置。

```
Router2(config)#ip nat inside source static 172.16.1.2 202.206.97.3
Router2(config)# ip nat pool fynat 202.206.97.1 netmask 255.255.255.255
//把一个公网 IP 地址放入地址池中。
Router2(config)#access-list 11 permit 192.168.1.0 0.0.0.255
Router2(config)# ip nat inside source list 11 pool fynat overload
Router2(config)#interface s0/0/1
Router2(config-if)#ip nat inside
Router2(config)#interface s0/0/0
Router2(config-if)#ip nat outside
```

5. 实验调试及注意事项

查看路由器的 NAT 转换表。

```
Router2#show ip nat translations
Pro   Inside global         Inside local         Outside local        Outside global
icmp  202.206.97.3:10       172.16.1.2:10        202.206.97.2:10      202.206.97.2:10
icmp  202.206.97.3:11       172.16.1.2:11        202.206.97.2:11      202.206.97.2:11
icmp  202.206.97.3:12       172.16.1.2:12        202.206.97.2:12      202.206.97.2:12
icmp  202.206.97.3:9        172.16.1.2:9         202.206.97.2:9       202.206.97.2:9
icmp  202.206.97.1:10       192.168.10.2:10      202.206.97.2:10      202.206.97.2:10
icmp  202.206.97.1:11       192.168.10.2:11      202.206.97.2:11      202.206.97.2:11
icmp  202.206.97.1:12       192.168.10.2:12      202.206.97.2:12      202.206.97.2:12
icmp  202.206.97.1:9        192.168.10.2:9       202.206.97.2:9       202.206.97.2:9
icmp  202.206.97.1:13       192.168.10.3:13      202.206.97.2:13      202.206.97.2:13
icmp  202.206.97.1:14       192.168.10.3:14      202.206.97.2:14      202.206.97.2:14
icmp  202.206.97.1:15       192.168.10.3:15      202.206.97.2:15      202.206.97.2:15
icmp  202.206.97.1:16       192.168.10.3:16      202.206.97.2:16      202.206.97.2:16
---   202.206.97.3          172.16.1.2           ---                  ---
```

查看本地主机和外网的连通。

```
PC>ping 202.206.97.2
Pinging 202.206.97.2 with 32 bytes of data:
Reply from 202.206.97.2:bytes=32 time=125ms TTL=253
```

```
Reply from 202.206.97.2:bytes=32 time=125ms TTL=253
Reply from 202.206.97.2:bytes=32 time=110ms TTL=253
Reply from 202.206.97.2:bytes=32 time=125ms TTL=253
Ping statistics for 202.206.97.2:
    Packets:Sent=4,Received=4,Lost=0(0% loss),
Approximate round trip times in milli-seconds:
    Minimum=110ms,Maximum=125ms,Average=121ms
PC>
```

注意事项：（1）没有使用地址池，而是使用 interface 关键字来标识外部 IP 地址。

（2）不要忘了 overload。

（3）在配置 PAT 之前要删除以前的动态 NAT，但是两个接口的标识 inside 和 outside 没删除，因为在 PAT 中还用得着。

（4）除了静态 NAT 外，其余的主机地址全都转换成 router2 的 s0/0/0 的 IP 地址，并且用端口地址标注不同的主机。

6. 实验思考问题

（1）PAT 和动态 NAT 相比有什么优势，有什么劣势？

（2）有没有端口冲突的可能？如果冲突了，路由器会怎么办？

（3）start-ip 和 end-ip 不在同一网段，会怎么样呢？

13.5 NAT 命令汇总

表 13-1 NAT 命令汇总表

命 令	作 用
Router（config）#clear ip nat transaltion	清除动态 NAT 表
Router#show ip nat transaltion	查看 NAT 表
Router#show ip nat statistics	查看 NAT 转换的统计信息
Router#debug ip nat	动态察看 NAT 转换过程
Router（config）#ip nat inside source static	配置静态 NAT
Router（config-if）#ip nat inside	配置 NAT 内部接口
Router（config-if）#ip nat outside	配置 NAT 外部接口
Router（config）#ip nat pool	配置动态 NAT 地址池
Router（config）#ip nat inside source access-list-number pool name	配置动态 NAT
Router（config）#ip nat inside source list access-list-number pool name overload	配置 PAT

第 14 章 DHCP

14.1 DHCP 理论指导

动态主机设置协议（Dynamic Host Configuration Protocol，即 DHCP）是一个局域网的网络协议，主要有两个用途：给内部网络或网络服务供应商自动分配 IP 地址、为网络管理员提供对计算机管理的手段。

DHCP 服务器最基本任务是向客户端提供 IP 地址。DHCP 包括 3 种不同的地址分配机制，以便灵活地分配 IP 地址。

(1) 手工分配：管理员给客户端分配固定的 IP 地址，DHCP 只是将该 IP 地址告知设备。

(2) 自动分配：DHCP 自动从地址池中选择一个静态 IP 地址，并将其永久性地分配给设备。没有租期的问题，地址被永久性地分配给设备。

(3) 动态分配：DHCP 自动从地址池中分配或出租一个 IP 地址给设备，租期由服务器指定或直到客户端告知 DHCP 服务器不再需要该地址。

运行 Cisco IOS 软件的 Cisco 路由器可用作 DHCP 服务器。Cisco IOS DHCP 服务器从路由器的地址池中分配 IP 地址给 DHCP 客户端，并管理这些 IP 地址。

14.1.1 DHCP 基本配置

第一步：定义 DHCP 在分配地址时的排除范围。这些地址通常是为路由器接口、交换机管理 IP 地址、服务器和本地网络打印机使用的静态地址。

语法格式为：

```
Router(config)#ip dhcp excluded-address {low-address} [high-address]
```

参数说明如下。

low-address：要排除的地址或者要排除的地址范围中最小的地址。

high-address：要排除的地址范围中最大的地址。

第二步：使用 ip dhcp pool 命令创建 DHCP 池。

语法格式为：

```
Router(config)#ip dhcp pool {pool-name}
```

参数说明如下。

pool-name：DHCP 池的名字。

第三步：配置地址池的具体信息。

语法格式为：

```
Router(dhcp-config)#network {network-number} [mask|prefix-length]
Router(dhcp-config)#default-router {address} [address2…address8]
Router(dhcp-config)#dns-server {address} [address2…address8]
Router(dhcp-config)#domain-name {domain}
Router(dhcp-config)#lease {days {hours} {minutes}|infinite}
Router(dhcp-config)#netbios-name-server {address} [address2…address8]
```

参数说明如下。

network：定义地址池。

default – router：定义默认路由器或网关。

dns – server：定义 DNS 服务器。

domain – name：定义域名。

lease：定义 DHCP 租期。

netbios – name – server：定义 NetBIOS WINS 服务器。

第四步：配置 DHCP 客户端。

PC 作为客户端时，只需将 IP 地址配置为自动获取即可，当不能获取全部 IP 地址信息时，需用命令 ipconfig /release 与 ipconfig /renew 来重新获取 IP 地址信息。

路由器作为客户端时，须在接口上使用命令 ip address dhcp 来获取 IP 地址。

例如，如图 14 – 1 所示，在路由器 Router 上配置如下：

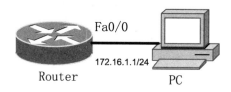

图 14 – 1　实验拓扑图

```
Router(config)#ip dhcp excluded-address 172.16.1.1
Router(config)#ip dhcp pool DHCP-POOL
Router(dhcp-config)#network 172.16.1.0 255.255.255.0
Router(dhcp-config)#default-router 172.16.1.1
Router(dhcp-config)#dns-server 202.206.100.36
```

14.1.2　DHCP 中继

如何通过一台 DHCP 服务器，在两个子网间同时提供服务呢？在这时，就需要使用 DHCP 服务器的中继代理功能在两个子网之间同时提供 DHCP 服务。

默认路由的格式为：

```
Router(config-if)# ip helper-address {ip-address}
```

参数说明如下。

ip – address：远程的 DHCP 服务器。

例如，在图 14 – 2 中对路由器 R1 设置了 DHCP 服务，R2 没有设置 DHCP 服务，PC1 要想通过 DHCP 获得 IP 地址，那么 R2 路由器必须配置 DHCP 中继，请求路由器 R1 帮助。

图 14 – 2　实验拓扑图

对 R1 的 DHCP 的设置如下：

```
R1(config)#ip route 172.16.1.0 255.255.255.0 192.168.1.2    //设置静态路由协议
R1(config)#ip dhcp excluded-address 172.16.1.1
R1(config)#ip dhcp pool DHCP-POOL
R1(dhcp-config)#network 172.16.1.0 255.255.255.0
R1(dhcp-config)#default-router 172.16.1.1
R1(dhcp-config)#dns-server 202.206.100.36
```

对 R2 的设置如下：

```
R2(config)#interface f0/0
R2(config-if)#ip helper-address 192.168.1.1    //此端口请求 192.168.1.1 帮助 DHCP 服务
```

这样 PC1 就可通过 DHCP 自动获取 IP 地址了。

14.2 实验 1：DHCP 基本配置

1. 实验目的

通过本实验掌握 DHCP 的基本配置。

2. 虚拟场景

假设某公司由于人员复杂，大部分人不具有配置计算机 IP 地址的能力，因此，需要在各分部路由器上配置 DHCP 服务，使处于北京、上海、广州 3 个部分的所有计算机都有合法的 IP 地址并且都能上网，公司的 DNS 服务器地址是 202.206.100.36。

3. 实验拓扑

如图 14-3 所示。

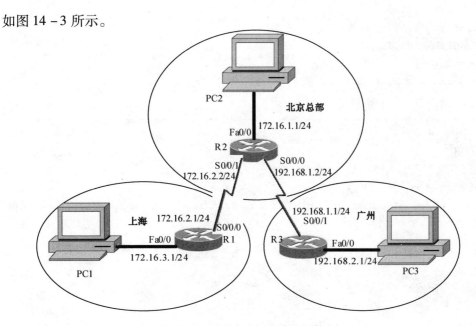

图 14-3 实验 1 和实验 2 拓扑图

4. 实验步骤

步骤1：在各路由器上配置 IP 地址和串口时钟，保证直连链路的连通。

在北京总部路由器 R2 上进行设置如下：

```
R2 >enable
R2#config terminal
Enter configuration commands,one per line.  End with CNTL/Z.
R2(config)#inter fa0/0
R2(config-if)#ip address 172.16.1.1 255.255.255.0
R2(config-if)#no shutdown
R2(config-if)#inter s0/0/0
R2(config-if)#ip address 192.168.1.2  255.255.255.0
R2(config-if)#no shutdown
R2(config-if)#inter s0/0/1
R2(config-if)#ip address 172.16.2.2  255.255.255.0
R2(config-if)#clock rate 64000
R2(config-if)#no shutdown
R2(config)#ip route 172.16.3.0  255.255.255.0  172.16.2.1
R2(config)#ip route 172.16.2.0  255.255.255.0  192.168.1.1
```

在上海路由器 R1 上进行设置如下：

```
R1 >enable
R1#config t
Enter configuration commands,one per line.  End with CNTL/Z.
R1(config)#inter fa0/0
R1(config-if)#ip address 172.16.3.1 255.255.255.0
R1(config-if)#no shutdown
R1(config-if)#inter s0/0/0
R1(config-if)#ip address 172.16.2.1 255.255.255.0
R1(config-if)#no shutdown
R1(config)#ip route 0.0.0.0 0.0.0.0 172.16.2.2
```

在广州路由器 R3 上进行设置如下：

```
R3 >enable
R3#config t
Enter configuration commands,one per line.  End with CNTL/Z.
R3(config)#inter fa0/0
R3(config-if)#ip address 192.168.2.1 255.255.255.0
R3(config-if)#no shutdown
R3(config-if)#inter s0/0/1
R3(config-if)#ip address 192.168.1.1 255.255.255.0
R3(config-if)#clock rate 64000
R3(config-if)#no shutdown
R3(config)#ip route 0.0.0.0 0.0.0.0 192.168.1.2
```

步骤2：在路由器上配置DHCP。

```
R2(config)#ip dhcp excluded-address 172.16.1.1
R2(config)#ip dhcp pool DHCP-POOL1
R2(dhcp-config)#network 172.16.1.0 255.255.255.0
R2(dhcp-config)#default-router 172.16.1.1
R2(dhcp-config)#dns-server 202.206.100.36
R1(config)#ip dhcp excluded-address 172.16.3.1
R1(config)#ip dhcp pool DHCP-POOL2
R1(dhcp-config)#network 172.16.3.0 255.255.255.0
R1(dhcp-config)#default-router 172.16.3.1
R1(dhcp-config)#dns-server 202.206.100.36
R3(config)#ip dhcp excluded-address 192.168.2.1
R3(config)#ip dhcp pool DHCP-POOL3
R3(dhcp-config)#network 192.168.2.0 255.255.255.0
R3(dhcp-config)#default-router 192.168.2.1
R3(dhcp-config)#dns-server 202.206.100.36
```

5. 实验调试及注意事项

查看主机的IP地址。

将3台PC配置成自动获取IP地址，然后用命令ipconfig /all查看本机的IP地址。

注意事项：主机的IP地址配置可能只获得了一部分，有可能不能获得网关和DNS服务器的地址，此时，使用命令ipconfig /release与ipconfig /renew命令获取全部的配置信息。

6. 实验思考问题

（1）如果要求只能在R2上配置DHCP服务，那么如何在R1和R3上配置，使得PC1与PC3能自动获取IP地址？

（2）假如不配置DNS服务器地址，可以吗？为什么？

14.3 实验2：DHCP中继

1. 实验目的

通过本实验掌握默认DHCP中继的配置。

2. 虚拟场景

假设某公司由于人员复杂，大部分人不具有对计算机IP地址配置能力，因此，需要在北京总部的路由器上配置DHCP服务使处于北京、上海、广州3个部分的所有计算机都有合法的IP地址并且都能上网，公司的DNS服务器地址是202.206.100.36。

3. 实验拓扑

如图 14-3 所示。

4. 实验步骤

步骤 1：在各路由器上配置 IP 地址和串口时钟，保证直连链路的连通。
参照实验 1 步骤 1。
步骤 2：在路由器 R2 上配置 DHCP。

```
R2(config)#ip dhcp excluded-address 172.16.1.1
R2(config)#ip dhcp pool DHCP-POOL1
R2(dhcp-config)#network 172.16.1.0 255.255.255.0
R2(dhcp-config)#default-router 172.16.1.1
R2(dhcp-config)#dns-server 202.206.100.36
R2(config)#ip dhcp excluded-address 172.16.3.1
R2(config)#ip dhcp pool DHCP-POOL2
R2(dhcp-config)#network 172.16.3.0 255.255.255.0
R2(dhcp-config)#default-router 172.16.3.1
R2(dhcp-config)#dns-server 202.206.100.36
R2(config)#ip dhcp excluded-address 192.168.2.1
R2(config)#ip dhcp pool DHCP-POOL3
R2(dhcp-config)#network 192.168.2.0 255.255.255.0
R2(dhcp-config)#default-router 192.168.2.1
R2(dhcp-config)#dns-server 202.206.100.36
```

步骤 3：在路由器 R1 与 R3 上配置 DHCP 中继。

```
R1(config)#interface f0/0
R1(config-if)# ip helper-address 172.16.2.2
R3(config)#interface f0/0
R3(config-if)# ip helper-address 192.168.1.2
```

5. 实验调试

查看主机的 IP 地址。
将 3 个 PC 配置成自动获取 IP 地址，然后用命令 ipconfig /all 查看本机的 IP 地址。

6. 实验思考问题。

（1）如果把 R1 配置成 DHCP 服务器，把 R2 和 R3 配置成 DHCP 中继，该如何配置？
（2）如果把 PC1 换成 DHCP 服务器，要想让其余 PC 通过此服务器获得 IP 地址，该如何配置？

14.4　DHCP 命令汇总

表 14-1　DHCP 命令汇总表

命　　令	作　　用
Router#show ip dhcp pool	查看 DHCP 地址池的的信息
Router#show ip dhcp binding	查看 DHCP 的地址绑定情况
Router#show ip dhcp database	查看 DHCP 数据库
Router#debug ip DHCP server events	动态查看 DHCP 服务器的事件
Router（config）#service dhcp	开启 DHCP 服务
Router（config）#ip dhcp pool	配置 DHCP 分配的地址池
Router（dhcp-config）#network	DHCP 服务器要分配的网络和掩码
Router（dhcp-config）#default-route	默认网关
Router（dhcp-config）#domain-name	域名
Router（dhcp-config）#dns-server	域名服务器
Router（dhcp-config）#lease	配置租期
Router（config）#ip dhcp excluded-address	排除地址段
Router（config-if）#ip helper-address	配置 DHCP 中继的地址

第 15 章　HDLC 和 PPP

15.1　HDLC 和 PPP 理论指导

当链路两端都是 Cisco 设备时，点到点连接、专用链路和交换电路的默认封装类型为 HDLC。HDLC 是同步 PPP 的基础，很多服务器使用同步 PPP 连接到 WAN（最常见的是连接到 Internet）。Cisco 路由器串口之间连接时默认的封装是 HDLC 协议。

PPP 对数据帧进行封装以便通过物理链路进行传输，PPP 使用串行电缆、电话线、中继线、手机、专用无线链路或光纤链路建立直接连接。

PPP 由以下两部分组成。

（1）LCP（链路控制协议）：PPP 提供的 LCP 功能全面，适用于大多数环境。LCP 功能是就封装格式选项自动达成一致、处理数据包大小限制、探测环路链路和其他普通的配置错误，以及终止链路。LCP 提供的其他可选功能有认证链路中对等单元的身份、决定链路功能正常或链路失败情况。LCP 位于物理层上面，负责建立、配置和测试设备之间的数据链路连接。LCP 还负责协商并设置 WAN 数据链路的控制选项，这些选项由 NCP 处理。

（2）NCP（网络控制协议）：一种扩展链路控制协议，用于建立、配置、测试和管理数据链路连接。NCP 包含功能字段，其中的标准化编码用于指出 PPP 封装的网络层协议。每个 NCP 负责满足相应网络层协议的需求。各种 NCP 组件封装和协商多种网络层协议的选项。

PPP 有很多优点，其中之一就是它不是专用的。

另外，PPP 链路质量管理功能监视链路的质量，如果检测到过多的错误，PPP 将关闭链路。

PPP 支持两种身份验证方式，一种是 PAP，一种是 CHAP。

相对来说，PAP 的认证方式安全性没有 CHAP 高。PAP 在传输 password 时使用明文，而 CHAP 在传输过程中不传输密码，取代密码的是 hash（哈希值）。PAP 认证是通过两次握手实现的，而 CHAP 则是通过 3 次握手实现的。PAP 认证是被叫提出连接请求，主叫响应。而 CHAP 则是主叫发出请求，被叫回复一个数据包，这个包里面有主叫发送的随机的哈希值，主叫在数据库中确认无误后发送一个连接成功的数据包连接。

15.1.1　HDLC 基本配置

配置 HDLC 时，Cisco 路由器默认是 HDLC 的封装，所以如果修改了默认封装方法，可在特权模式下使用以下命令重新启用 HDLC。

```
Router(config-if)#encapsulation hdlc
```

配置 HDLC 时，只需要在串行端口上配置 HDLC，可执行如下命令：

```
Router(config)#interface s0/0/0
Router(config-if)#encapsulation hdlc
```

例如，如图 15－1 所示，在路由器 R1 上配置如下：

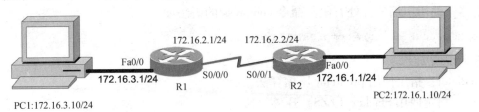

图 15－1　实验拓扑图

```
R1(config)#interface s0/0/0
R1(config-if)#encapsulation hdlc
R1(config)#interface s0/0/1
R1(config-if)#encapsulation hdlc
R1(config-if)#^Z
R1#show interfaces s0/0/0
Serial0/0/0 is up,line protocol is up(connected)
  Hardware is HD64570
  Internet address is 192.168.1.2/24
  MTU 1500 bytes,BW 1544 Kbit,DLY 20000 usec,
     reliability 255/255,txload 1/255,rxload 1/255
  Encapsulation HDLC,loopback not set,keepalive set(10 sec)
  Last input never,output never,output hang never
  Last clearing of "show interface" counters never
  Input queue:0/75/0(size/max/drops); Total output drops:0
  Queueing strategy:weighted fair
  Output queue:0/1000/64/0(size/max total/threshold/drops)
     Conversations   0/0/256(active/max active/max total)
     Reserved Conversations 0/0(allocated/max allocated)
     Available Bandwidth 1158 kilobits/sec
  5 minute input rate 0 bits/sec,0 packets/sec
  5 minute output rate 0 bits/sec,0 packets/sec
     0 packets input,0 bytes,0 no buffer
     Received 0 broadcasts,0 runts,0 giants,0 throttles
     0 input errors,0 CRC,0 frame,0 overrun,0 ignored,0 abort
     0 packets output,0 bytes,0 underruns
     0 output errors,0 collisions,1 interface resets
     0 output buffer failures,0 output buffers swapped out
     0 carrier transitions
     DCD=up  DSR=up  DTR=up  RTS=up  CTS=up
```

15.1.2　PPP 基本配置

要将 PPP 设置为串行或 ISDN 接口使用的封装方法，可使用接口配置命令 encapsulation ppp。

```
Router(config-if)# encapsulation ppp
```

启用 PPP 封装后，可在串行接口上配置点到点软件压缩。由于该选项将调用软件压缩进程，因此可能影响系统性能。如果数据流已经是压缩文件（如.zip、.tar 或.mpeg），则在路由器中使用压缩的好处有限。命令 compress 的语法如下：

```
Router(config-if)#compress [predictor|stac]
```

参数说明如下。

predictor：指定使用 predictor 压缩算法。

stac：指定使用 Stacker（LZS）压缩算法。

LCP 提供了一个可选的链路质量确定阶段。在该阶段，LCP 对链路进行测试，以确定链路质量是否足以支持第三层协议。下面的命令确保链路符合要求的质量，否则链路将关闭：

```
Router(config-if)#ppp quality percentage
```

参数说明如下。

percentage：指定了链路质量阈值（LQM），其取值范围为 1~100。

使用 no ppp quality 可禁用 LQM。

多链路 PPP（也叫 MP、MPPP、MLP 或多链路）提供了一种在多条 WAN 物理链路之间分布数据流的方法，还提供了分组分段和重组、正确排序、多厂商互操作性，以及入站和出站数据流的负载均衡。多链路 PPP 命令的语法如下。

```
Router(config-if)#ppp multilink
```

命令 multilink 没有参数。要禁用 PPP 多链路，可使用命令 no ppp multilink。

例如，在路由器 R1 上配置如下（图见 15-1）：

```
R1(config)#interface s0/0/0
R1(config-if)#encapsulation ppp
R1(config)#interface s0/0/1
R1(config-if)#encapsulationppp
R1(config-if)#^Z
R1#
% SYS-5-CONFIG_I:Configured from console by console
R1#show interfaces s0/0/0
Serial0/0/0 is up,line protocol is up(connected)
  Hardware is HD64570
  Internet address is 192.168.1.1/24
  MTU 1500 bytes,BW 1544 Kbit,DLY 20000 usec,
    reliability 255/255,txload 1/255,rxload 1/255
  Encapsulation PPP,loopback not set,keepalive set(10 sec)
  LCP Open
  Open:IPCP,CDPCP
  Last input never,output never,output hang never
  Last clearing of "show interface" counters never
  Input queue:0/75/0(size/max/drops); Total output drops:0
  Queueing strategy:weighted fair
  Output queue:0/1000/64/0(size/max total/threshold/drops)
    Conversations  0/0/256(active/max active/max total)
    Reserved Conversations 0/0(allocated/max allocated)
    Available Bandwidth 1158 kilobits/sec
```

```
     5 minute input rate 0 bits/sec,0 packets/sec
     5 minute output rate 0 bits/sec,0 packets/sec
        0 packets input,0 bytes,0 no buffer
        Received 0 broadcasts,0 runts,0 giants,0 throttles
        0 input errors,0 CRC,0 frame,0 overrun,0 ignored,0 abort
        0 packets output,0 bytes,0 underruns
        0 output errors,0 collisions,1 interface resets
        0 output buffer failures,0 output buffers swapped out
        0 carrier transitions
        DCD = up   DSR = up   DTR = up   RTS = up   CTS = up
```

15.1.3　PAP 认证

密码验证协议（PAP）是一个非常基本的双向过程。没有任何加密，用户名和密码以明文方式发送。如果通过验证，将允许连接。PAP 使用两次握手提供了一种让远程节点能够证明其身份的简单方法。PAP 不是交互式的：使用 PAP 身份验证时，远程节点以 LCP 分组的形式发送用户名和密码，而不是由服务器提示登录并等候响应。

两台路由器彼此验证对方的身份，因此它们的 PAP 身份验证命令是对称的。每台路由器发送的用户名和密码必须和另一台路由器的用户名和密码一致。

例如，在两台路由器上分别配置如下（图见 15-1）：

```
Router(config)#hostname R1
R1(config)#username R2 password cisco
R1(config)#interface s0/0/0
R1(config-if)#ip address 172.16.1.1 255.255.255.0
R1(config-if)#encapsulation ppp
R1(config-if)#ppp authentication pap
R1(config-if)#ppp pap sent-username R1 password cisco
Router(config)#hostname R2
R2(config)#username R1 password cisco
R2(config)#interface s0/0/0
R2(config-if)#ip address 172.16.1.2 255.255.255.0
R2(config-if)#encapsulation ppp
R2(config-if)#ppp authentication pap
R2(config-if)#ppp pap sent-username R2 password cisco
```

15.1.4　CHAP 认证

挑战握手验证协议（CHAP）定期发出挑战，以确保远程节点有有效的密码。密码值是个变量。在链路存活期间以不可预测的方式改变。CHAP 使用三次握手定期验证远程节点的身份。一台路由器的主机名必须与另一台路由器配置的用户名一致，密码也必须一致。这种身份验证除了在建立链路时进行外，还可在链路建立后随时进行。

例如，如图 15-1 所示，在两台路由器上分别配置如下：

```
Router(config)#hostname R1
R1(config)#username R2 password cisco
```

```
R1(config)#interface s0/0/0
R1(config-if)#ip address 172.16.1.1 255.255.255.0
R1(config-if)#encapsulation ppp
R1(config-if)#ppp authenticationchap
Router(config)#hostname R2
R2(config)#username R1 password cisco
R2(config)#interface s0/0/0
R2(config-if)#ip address 172.16.1.2 255.255.255.0
R2(config-if)#encapsulation ppp
R2(config-if)#ppp authenticationchap
```

15.2 实验1：HDLC 和 PPP 基本配置

1. 实验目的

通过本实验掌握 HDLC 和 PPP 的基本配置，以及建立 WAN 所需的基本技术。

2. 虚拟场景

假设某公司总部在北京，其有两个子公司分别在上海和广州，要求总部与两个子公司形成一个广域网进行通讯，保证公司信息能顺利相互传递。

3. 实验拓扑

如图 15-2 所示。

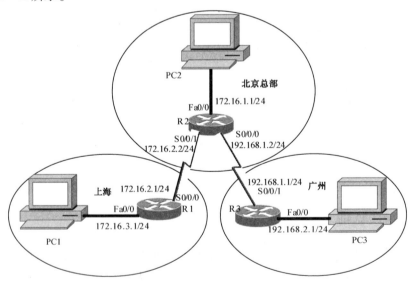

图 15-2　实验1 拓扑图

4. 实验步骤

步骤1：在各路由器上配置 IP 地址和串口时钟，保证直连链路的连通。

在北京总部路由器 R2 上进行设置如下：

```
R2 >enable
R2#config terminal
Enter configuration commands,one per line.  End with CNTL/Z.
R2(config)#interface fa0/0
R2(config-if)#ip address 172.16.1.1 255.255.255.0
R2(config-if)#no shutdown
R2(config-if)#interface s0/0/0
R2(config-if)#ip address 172.16.2.2  255.255.255.0
R2(config-if)#no shutdown
R2(config-if)#interface s0/0/1
R2(config-if)#ip address 192.168.1.2  255.255.255.0
R2(config-if)#clock rate 64000
R2(config-if)#no shutdown
```

在上海路由器 R1 上进行设置如下：

```
R1 >enable
R1#config t
Enter configuration commands,one per line.  End with CNTL/Z.
R1(config)#interface fa0/0
R1(config-if)#ip address 172.16.3.1 255.255.255.0
R1(config-if)#no shutdown
R1(config-if)#interface s0/0/0
R1(config-if)#ip address 172.16.2.1 255.255.255.0
R1(config-if)#clock rate 64000
R1(config-if)#no shutdown
```

在广州路由器 R3 上进行设置如下：

```
R3 >enable
R3#config t
Enter configuration commands,one per line.  End with CNTL/Z.
R3(config)#interface fa0/0
R3(config-if)#ip address 192.168.2.1 255.255.255.0
R3(config-if)#no shutdown
R3(config-if)#interface s0/0/1
R3(config-if)#ip address 192.168.1.1 255.255.255.0
R3(config-if)#no shutdown
R3(config-if)#
```

步骤 2：在各路由器上配置路由协议以保证远程网络的连通性。
在这里选用 ospf 协议，如下所示。

```
R1(config)#router ospf 1
R1(config-router)#network 172.16.3.0 0.0.0.255 area 0
R1(config-router)#network 172.16.2.0 0.0.0.255 area 0
R2(config)#router ospf 1
R2(config-router)#network 172.16.1.0 0.0.0.255 area 0
R2(config-router)#network 172.16.2.0 0.0.0.255 area 0
R2(config-router)#network 192.168.1.0 0.0.0.255 area 0
R3(config)#router ospf 1
```

```
R3(config-router)#network 192.168.1.0 0.0.0.255 area 0
R3(config-router)#network 192.168.2.0 0.0.0.255 area 0
```

步骤3：在各路由器上配置 HDLC 封装。

```
R1(config-if)# inter s0/0/0
R1(config-if)# encapsulation hdlc
R2(config-if)# inter s0/0/0
R2(config-if)# encapsulation hdlc
R2(config-if)# inter s0/0/1
R2(config-if)# encapsulation hdlc
R3(config-if)#inter s0/0/1
R3(config-if)# encapsulation hdlc
```

步骤4：在 PC1 上测试与 PC2 与 PC3 的连通性。

```
PC>ping 172.16.1.10
Pinging 172.16.1.10 with 32 bytes of data:
Reply from 172.16.1.10:bytes=32 time=94ms TTL=126
Reply from 172.16.1.10:bytes=32 time=94ms TTL=126
Reply from 172.16.1.10:bytes=32 time=94ms TTL=126
Reply from 172.16.1.10:bytes=32 time=93ms TTL=126
Ping statistics for 172.16.1.10:
    Packets:Sent=4,Received=4,Lost=0(0% loss),
Approximate round trip times in milli-seconds:
Minimum=93ms,Maximum=94ms,Average=93ms
PC>ping 192.168.2.10
Pinging 192.168.2.10 with 32 bytes of data:
Reply from 192.168.2.10:bytes=32 time=125ms TTL=125
Reply from 192.168.2.10:bytes=32 time=125ms TTL=125
Reply from 192.168.2.10:bytes=32 time=125ms TTL=125
Reply from 192.168.2.10:bytes=32 time=109ms TTL=125
Ping statistics for 192.168.2.10:
    Packets:Sent=4,Received=4,Lost=0(0% loss),
Approximate round trip times in milli-seconds:
    Minimum=109ms,Maximum=125ms,Average=121ms
```

步骤5：在各路由器上配置 PPP 封装。

```
R1(config-if)# inter s0/0/0
R1(config-if)# encapsulation ppp
R2(config-if)# inter s0/0/0
R2(config-if)# encapsulation ppp
R2(config-if)# inter s0/0/1
R2(config-if)# encapsulation ppp
R3(config-if)#inter s0/0/1
R3(config-if)# encapsulation hdlc
```

步骤6：在 PC1 上测试与 PC2 与 PC3 的连通性。

```
PC>ping 172.16.1.10
Pinging 172.16.1.10 with 32 bytes of data:
Reply from 172.16.1.10:bytes=32 time=94ms TTL=126
```

```
Reply from 172.16.1.10:bytes=32 time=94ms TTL=126
Reply from 172.16.1.10:bytes=32 time=94ms TTL=126
Reply from 172.16.1.10:bytes=32 time=93ms TTL=126
Ping statistics for 172.16.1.10:
    Packets:Sent=4,Received=4,Lost=0(0% loss),
Approximate round trip times in milli-seconds:
Minimum=93ms,Maximum=94ms,Average=93ms
PC>ping 192.168.2.10
Pinging 192.168.2.10 with 32 bytes of data:
Reply from 192.168.2.10:bytes=32 time=125ms TTL=125
Reply from 192.168.2.10:bytes=32 time=125ms TTL=125
Reply from 192.168.2.10:bytes=32 time=125ms TTL=125
Reply from 192.168.2.10:bytes=32 time=109ms TTL=125
Ping statistics for 192.168.2.10:
    Packets:Sent=4,Received=4,Lost=0(0% loss),
Approximate round trip times in milli-seconds:
    Minimum=109ms,Maximum=125ms,Average=121ms
```

5. 实验调试及注意事项

Cisco 路由器串口默认为 HDLC 封装，所以即使不使用命令 encapsulation hdlc 也可以使路由器实现连通，做实验时为了保证配置 HDLC 协议的正确性，本实验可以先配置 PPP 协议，再配置 HDLC 协议。

6. 实验思考问题

（1）观察串口线，如果没有配置封装的协议，是否能 ping 通，如果能，为什么？
（2）如果一条串口线一端配置 HDLC 协议，一端配置 PPP 协议，可以 ping 通吗？

15.3　实验2：PAP 认证

1. 实验目的

通过本实验强化对 PPP 的认识，掌握 PAP 认证的配置过程。

2. 虚拟场景

假设某公司总部在北京，其有两个子公司分别在上海和广州，要求总部与两个子公司形成一广域网，除能通信外，还需要保证公司信息的安全性。

3. 实验拓扑

如图 15-2 所示。

4. 实验步骤

步骤1：在各路由器上配置 IP 地址和串口时钟，保证直连链路的连通。
参照实验1步骤1。
步骤2：在各路由器上配置路由协议以保证远程网络的连通性。

参照实验1步骤2。

步骤3：在各路由器上配置PAP认证。

```
R2(config)#username R1 password cisco
R2(config)#username R3 password cisco
R2(config)#interface s0/0/0
R2(config-if)#encapsulation ppp
R2(config-if)#ppp authentication pap
R2(config-if)#ppp pap sent-username R2 password cisco
R2(config-if)#interface s0/0/1
R2(config-if)#encapsulation ppp
R2(config-if)#ppp authentication pap
R2(config-if)#ppp pap sent-username R2 password cisco
R1(config)#username R2 password cisco
R1(config)#interface s0/0/0
R1(config-if)#encapsulation ppp
R1(config-if)#ppp authentication pap
R1(config-if)#ppp pap sent-username R1 password cisco
R3(config)#username R2 password cisco
R3(config)#interface s0/0/0
R3(config-if)#encapsulation ppp
R3(config-if)#ppp authentication pap
R3(config-if)#ppp pap sent-username R3 password cisco
```

5. 实验调试及注意事项

在PC1上测试与PC2和PC3的连通性：

```
PC>ping 172.16.1.10
Pinging 172.16.1.10 with 32 bytes of data:
Reply from 172.16.1.10:bytes=32 time=94ms TTL=126
Reply from 172.16.1.10:bytes=32 time=94ms TTL=126
Reply from 172.16.1.10:bytes=32 time=94ms TTL=126
Reply from 172.16.1.10:bytes=32 time=93ms TTL=126
Ping statistics for 172.16.1.10:
    Packets:Sent=4,Received=4,Lost=0(0% loss),
Approximate round trip times in milli-seconds:
Minimum=93ms,Maximum=94ms,Average=93ms
PC>ping 192.168.2.10
Pinging 192.168.2.10 with 32 bytes of data:
Reply from 192.168.2.10:bytes=32 time=125ms TTL=125
Reply from 192.168.2.10:bytes=32 time=125ms TTL=125
Reply from 192.168.2.10:bytes=32 time=125ms TTL=125
Reply from 192.168.2.10:bytes=32 time=109ms TTL=125
Ping statistics for 192.168.2.10:
    Packets:Sent=4,Received=4,Lost=0(0% loss),
Approximate round trip times in milli-seconds:
    Minimum=109ms,Maximum=125ms,Average=121ms
```

注意事项：（1）每台路由器发送的是自己的名字与密码。
（2）如果有路由器需要在本路由器上验证，需要设置对方的名字为用户名，对方发送的密码为密码。

6、实验思考问题

（1）在路由器 R2 上，只设置其中一个用户名与密码，可以吗？
（2）请讨论 PAP 认证的优点与缺点。

15.4 实验3：CHAP 认证

1. 实验目的

通过本实验强化对 PPP 的认识，掌握 CHAP 认证的配置过程。

2. 虚拟场景

假设某公司总部在北京，其有两个子公司分别在上海和广州，要求总部与两个子公司形成一广域网，除能通信外，还需要保证公司信息的安全性。

3. 实验拓扑

如图 15-2 所示。

4. 实验步骤

步骤1：在各路由器上配置 IP 地址和串口时钟，保证直连链路的连通。
参照实验1 步骤1。
步骤2：在各路由器上配置路由协议以保证远程网络的连通性。
参照实验1 步骤2。
步骤3：在各路由器上配置 PAP 认证。

```
R2(config)#username R1 password cisco
R2(config)#username R3 password cisco
R2(config)#interface s0/0/0
R2(config-if)#encapsulation ppp
R2(config-if)#ppp authenticationchap
R2(config-if)#interface s0/0/1
R2(config-if)#encapsulation ppp
R2(config-if)#ppp authenticationchap
R1(config)#username R2 password cisco
R1(config)#interface s0/0/0
R1(config-if)#encapsulation ppp
R1(config-if)#ppp authentication chap
R3(config)#username R2 password cisco
R3(config)#interface s0/0/0
R3(config-if)#encapsulation ppp
R3(config-if)#ppp authentication chap
```

5. 实验调试及注意事项

在 PC1 上测试与 PC2 与 PC3 的连通性：

```
PC>ping 172.16.1.10
Pinging 172.16.1.10 with 32 bytes of data:
Reply from 172.16.1.10:bytes=32 time=94ms TTL=126
Reply from 172.16.1.10:bytes=32 time=94ms TTL=126
Reply from 172.16.1.10:bytes=32 time=94ms TTL=126
Reply from 172.16.1.10:bytes=32 time=93ms TTL=126
Ping statistics for 172.16.1.10:
    Packets:Sent=4,Received=4,Lost=0(0% loss),
Approximate round trip times in milli-seconds:
Minimum=93ms,Maximum=94ms,Average=93ms
PC>ping 192.168.2.10
Pinging 192.168.2.10 with 32 bytes of data:
Reply from 192.168.2.10:bytes=32 time=125ms TTL=125
Reply from 192.168.2.10:bytes=32 time=125ms TTL=125
Reply from 192.168.2.10:bytes=32 time=125ms TTL=125
Reply from 192.168.2.10:bytes=32 time=109ms TTL=125
Ping statistics for 192.168.2.10:
    Packets:Sent=4,Received=4,Lost=0(0% loss),
Approximate round trip times in milli-seconds:
    Minimum=109ms,Maximum=125ms,Average=121ms
```

注意事项：相邻的路由器，需要设置对方的名字为用户名，还要设置相同的密码。

6. 实验思考问题

请讨论 CHAP 认证的优点与缺点。

15.5 HDLC 和 PPP 命令汇总

表 15-1 HDLC 和 PPP 命令汇总

命令	作用
encapsulation hdlc	把接口的封装改为 HDLC
encapsulation ppp	把接口的封装改为 PPP
ppp pap sent-username R1 password 123	PAP 认证时，向对方发送用户名 R1 密码 123
ppp authentication pap	PPP 的认证方式为 PAP
username R1 password 123	为对方创建用户 R1，密码为 123
debug ppp authentication	打开 PPP 的认证调试过程
ppp authentication chap	PPP 的认证方式为 CHAP

第16章 帧中继

16.1 帧中继理论指导

帧中继是一种高性能 WAN 协议，运行在 OSI 参考模型的物理层和数据链路层。

帧中继是由 Sprint International 的工程师 Eric Scace 发明的，它是 X.25 协议的简化版，最初用于综合业务数字网络（ISDN）接口。如今，在其他各种网络接口上也得到了广泛应用。帧中继是一种用于连接计算机系统的面向分组的通信方法。它主要用在公共或专用网上的局域网互联以及广域网连接。大多数公共电信局都提供帧中继服务，把它作为建立高性能的虚拟广域连接的一种途径。

帧中继提供的是数据链路层和物理层的协议规范，由于分层设计的原因，帧中继不受任何高层协议的影响，因此，大大地简化了帧中继的实现。目前帧中继的主要应用之一是局域网互联，特别是在局域网通过广域网进行互联时，使用帧中继更能体现它的低网络时延、低设备费用、高带宽利用率等优点。

帧中继的主要特点是：使用光纤作为传输介质，因此误码率极低，能实现近似无差错传输，减少了进行差错校验的开销，提高了网络的吞吐量；帧中继是一种宽带分组交换，使用复用技术时，其传输速率可高达 44.6Mbps。但是，帧中继不适合于传输诸如话音、电视等实时信息，它仅限于传输数据。

帧中继网络中，DTE 设备和交换机之间的虚连接需要由唯一的 DLCI（数据链路传输接口）标识，虚电路提供了从一台设备到另一台设备的双向通信路径。DLCI 只具有本地意义，也就是说，网络中 DLCI 的值不是唯一的。

要通过帧中继传输数据，并不跟以太网一样需要使用地址解析协议 ARP 将目的 IP 地址映射成目的 MAC 地址，而是使用地址解析协议 ARP 将目的 IP 地址映射成本地数据链路传输接口 DLCI。

帧中继虚电路分为两类：交换虚电路（SVC）和永久虚电路（PVC）。SVC 是临时性连接，适用于只需要偶尔通过帧中继网络在 DTE 设备之间传输数据的情形。使用 SVC 进行的通信会话有 4 种运行状态：呼叫建立、数据传输、空闲和呼叫中止。PVC 是永久性建立的连接，适用于需要不断通过帧中继网络在 DTE 设备之间传输数据的情形。PVC 总是处于两种状态之一：数据传输和空闲。

16.1.1 帧中继基本配置

启用帧中继的步骤如下。

1. 配置封装使用 no 形式可以删除帧中继封装，恢复到默认的 HDLC 封装

```
Router(config-if)#encapsulation frame-relay [cisco|ietf]
```

参数说明如下。

如果没有参数则为默认的 Cisco 封装，如果连接的是 Cisco 路由器，可使用这种封装；只有显式启用 IETF 才能启用 IETF 的帧中继封装。IETF 封装类型遵循 RFC1490 和 RFC2427。如果连接的是非 Cisco 路由器，请使用这种封装类型。

2. 设置带宽

```
Router(config-if)#bandwidth {bandwidthNO}
```

参数说明如下。

bandwidthNO 是帧中继链路的带宽大小，单位是 kbit/s。同时该命令通知路由选择协议，静态地配置了链路的带宽。

3. 设置 LMI 类型（可选）

```
Router(config-if)#frame-relay lmi-type [cisco|ansi|q933a]
```

参数说明如下，

cisco 支持的 LMI 类型有 3 种，它们彼此不兼容。路由器中配置的 LMI 类型必须与服务提供商使用的类型一致。

cisco：原始 LMI 扩展。

ansi：对应于 ANSI 标准 T1.617 Annex D。

q933a：对应于 ITU 标准 Q933 Annex A。

从 Cisco IOS 软件 11.2 版起，默认的 LMI 自动监测功能可检测直接相连的帧中继交换机支持的 LMI 类型。根据从帧中继交换机那里收到的 LMI 状态消息，路由器自动将接口配置成使用帧中继交换机确认的 LMI 类型。

例如，如图 16-1 所示，在一台路由器上配置如下：

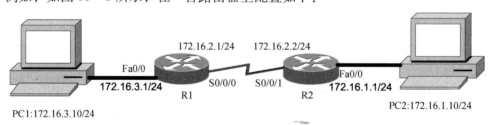

图 16-1　实验拓扑图

```
R1(config)#interface s0/0/0
R1(config-if)#ip address 172.16.2.1 255.255.255.0
R1(config-if)#clock rate 64000
R1(config-if)#no shutdown
R1(config-if)#encapsulation frame-relay
R1(config-if)#bandwidth 64
R1(config-if)#frame-relay lmi-type cisco
R2(config)#interface s0/0/1
R2(config-if)#ip address 172.16.2.2 255.255.255.0
```

第16章 帧中继

```
R2(config-if)#no shutdown
R2(config-if)#encapsulation frame-relay
R2(config-if)#bandwidth 64
R2(config-if)#frame-relay lmi-type cisco
R1#show interfaces s0/0/0
Serial0/0/0 is up,line protocol is down(disabled)
  Hardware is HD64570
  Internet address is 172.16.2.1/24
  MTU 1500 bytes,BW 64 Kbit,DLY 20000 usec,
     reliability 255/255,txload 1/255,rxload 1/255
  Encapsulation Frame Relay,loopback not set,keepalive set(10 sec)
  LMI enq sent   336,LMI stat recvd 0,LMI upd recvd 0,DTE LMI up
  LMI enq recvd 0,LMI stat sent   0,LMI upd sent   0
  LMI DLCI 1023   LMI type is CISCO   frame relay DTE
  Broadcast queue 0/64,broadcasts sent/dropped 0/0,interface broadcasts 0
  Last input never,output never,output hang never
  Last clearing of "show interface" counters never
  Input queue:0/75/0(size/max/drops); Total output drops:0
  Queueing strategy:weighted fair
  Output queue:0/1000/64/0(size/max total/threshold/drops)
     Conversations  0/0/256(active/max active/max total)
     Reserved Conversations 0/0(allocated/max allocated)
     Available Bandwidth 48 kilobits/sec
  5 minute input rate 0 bits/sec,0 packets/sec
  5 minute output rate 0 bits/sec,0 packets/sec
     0 packets input,0 bytes,0 no buffer
     Received 0 broadcasts,0 runts,0 giants,0 throttles
     0 input errors,0 CRC,0 frame,0 overrun,0 ignored,0 abort
     0 packets output,0 bytes,0 underruns
     0 output errors,0 collisions,1 interface resets
     0 output buffer failures,0 output buffers swapped out
     0 carrier transitions
     DCD=up  DSR=up  DTR=up  RTS=up  CTS=up
R2#show interfaces s0/0/1
Serial0/0/1 is up,line protocol is down(disabled)
  Hardware is HD64570
  Internet address is 192.168.1.2/24
  MTU 1500 bytes,BW 64 Kbit,DLY 20000 usec,
     reliability 255/255,txload 1/255,rxload 1/255
  Encapsulation Frame Relay,loopback not set,keepalive set(10 sec)
  LMI enq sent   353,LMI stat recvd 0,LMI upd recvd 0,DTE LMI up
  LMI enq recvd 0,LMI stat sent   0,LMI upd sent   0
  LMI DLCI 1023   LMI type is CISCO   frame relay DTE
  Broadcast queue 0/64,broadcasts sent/dropped 0/0,interface broadcasts 0
  Last input never,output never,output hang never
  Last clearing of "show interface" counters never
  Input queue:0/75/0(size/max/drops); Total output drops:0
```

```
Queueing strategy:weighted fair
Output queue:0/1000/64/0(size/max total/threshold/drops)
   Conversations  0/0/256(active/max active/max total)
   Reserved Conversations 0/0(allocated/max allocated)
   Available Bandwidth 48 kilobits/sec
5 minute input rate 0 bits/sec,0 packets/sec
5 minute output rate 0 bits/sec,0 packets/sec
   0 packets input,0 bytes,0 no buffer
   Received 0 broadcasts,0 runts,0 giants,0 throttles
   0 input errors,0 CRC,0 frame,0 overrun,0 ignored,0 abort
   0 packets output,0 bytes,0 underruns
   0 output errors,0 collisions,1 interface resets
   0 output buffer failures,0 output buffers swapped out
   0 carrier transitions
   DCD = up   DSR = up   DTR = up   RTS = up   CTS = up
```

16.1.2 帧中继映射

要将下一跳协议地址映射到本地 DLCI，可使用如下命令：

```
Router(config - if)#frame - relay map protocol protocol - address dlci [broadcast] [ietf]
```

参数说如下。

protocol：下一跳协议名称。如 IP 协议：ip。

protocol - address：下一跳协议地址。如 IP 协议的地址格式：xxx. xxx. xxx. xxx。

broadcast：由于帧中继不发送广播帧，所以如果收到的 IP 地址是广播地址时，添加此参数能使路由器将广播帧转变为对每个地址的单播帧发送出去，如果无此参数，则丢弃。

ietf：连接到非 Cisco 路由器时，请使用此关键字。

例如，如图 16-2 所示，在路由器 R1 上配置如下：

图 16-2 实验拓扑图

```
R1(config)#interface s0/0/0
R1(config - if)#ip address 172.16.2.1 255.255.255.0
R1(config - if)#clock rate 64000
R1(config - if)#no shutdown
R1(config - if)#encapsulation frame - relay
R1(config - if)#bandwidth 64
R1(config - if)#frame - relay map ip 172.16.2.2 102 broadcast
R2(config)#interface s0/0/1
```

第16章 帧中继

```
R2(config-if)#ip address 172.16.2.2 255.255.255.0
R2(config-if)#no shutdown
R2(config-if)#encapsulation frame-relay
R2(config-if)#bandwidth 64
R2(config-if)#frame-relay map ip 172.16.2.1 201 broadcast
R1#show frame-relay map
Serial0/0/0 (up): ip 172.16.2.2 dlci 102,dynamic,broadcast,CISCO,status defined,active
R2#show frame-relay map
Serial0/0/1 (up): ip 172.16.2.1 dlci 201,dynamic,broadcast,CISCO,status defined,active
```

16.2 实验1：帧中继基本配置

1. 实验目的

通过本实验掌握帧中继的基本配置方法，掌握帧中继网络传输数据的过程，以及建立帧中继 WAN 所需的技术。

2. 虚拟场景

假设某公司有两个部门，分别在上海和广州，现在需要使用某运营商的帧中继网络来进行通信，要求两个部门能通过帧中继网络互相通信，保证公司信息顺利传递。

3. 实验拓扑

如图 16-3 所示。

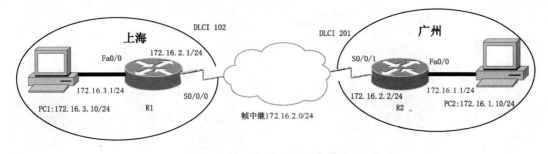

图 16-3 拓扑图

4. 实验步骤

步骤1：在各路由器上配置 IP 地址，保证直连链路的连通。

在上海路由器 R1 上进行设置如下：

```
R1>enable
R1#config terminal
Enter configuration commands,one per line.  End with CNTL/Z.
R1(config)#interface f0/0
R1(config-if)#ip address 172.16.3.1 255.255.255.0
```

```
R1(config-if)#no shutdown
R1(config-if)#interface s0/0/0
R1(config-if)#ip address 172.16.2.1   255.255.255.0
R1(config-if)#no shutdown
```

在广州路由器 R2 上进行设置如下：

```
R2>enable
R2#config t
Enter configuration commands,one per line.   End with CNTL/Z.
R2(config)#interface f0/0
R2(config-if)#ip address 172.16.1.1 255.255.255.0
R2(config-if)#no shutdown
R2(config-if)#interface s0/0/1
R2(config-if)#ip address 172.16.2.2 255.255.255.0
R2(config-if)#no shutdown
```

步骤2：在各路由器上配置路由协议以保证远程网络的连通性。

在这里选用 ospf 协议：

```
R1(config)#router ospf 1
R1(config-router)#network 172.16.3.0 0.0.0.255 area 0
R1(config-router)#network 172.16.2.0 0.0.0.255 area 0
R2(config)#router ospf 1
R2(config-router)#network 172.16.1.0 0.0.0.255 area 0
R2(config-router)#network 172.16.2.0 0.0.0.255 area 0
```

步骤3：在各路由器上配置帧中继封装。

```
R1(config)#interface s0/0/0
R1(config-if)#ip address 172.16.2.1 255.255.255.0
R1(config-if)#clock rate 64000
R1(config-if)#no shutdown
R1(config-if)#encapsulation frame-relay
R1(config-if)#bandwidth 64
R1(config-if)#frame-relay lmi-type cisco
R2(config)#interface s0/0/1
R2(config-if)#ip address 172.16.2.2 255.255.255.0
R2(config-if)#no shutdown
R2(config-if)#encapsulation frame-relay
R2(config-if)#bandwidth 64
R2(config-if)#frame-relay lmi-type cisco
```

步骤4：在 PC1 上测试与 PC2 的连通性。

```
PC>ping 172.16.1.10
Pinging 172.16.1.10 with 32 bytes of data:
Reply from 172.16.1.10:bytes=32 time=94ms TTL=126
Reply from 172.16.1.10:bytes=32 time=94ms TTL=126
Reply from 172.16.1.10:bytes=32 time=94ms TTL=126
Reply from 172.16.1.10:bytes=32 time=93ms TTL=126
Ping statistics for 172.16.1.10:
```

```
Packets:Sent=4,Received=4,Lost=0(0% loss),
Approximate round trip times in milli-seconds:
Minimum=93ms,Maximum=94ms,Average=93ms
```

5. 实验注意事项

实验中，需要注意分清 DTE 设备与 DCE 设备。当使用 DCE 设备时，需要配置时钟；当使用 DTE 设备时，不能配置时钟。实验中路由器作为 DTE 设备，帧中继网络提供商作为 DCE 设备。而帧中继网络中的 DCE 设备是帧中继交换机。

6. 实验思考问题

（1）帧中继网络和其他类型广域网（PPP 和 HDLC）相比有什么优点和缺点？
（2）帧中继网络中，两端的 DLCI 可以相同吗？

16.3 实验2：帧中继映射

1. 实验目的

通过本实验掌握帧中继网络中，数据包转发过程中，如何由目的 IP 得到本地 DLCI。

2. 虚拟场景

假设某公司有两个部门，分别在上海和广州，现在需要使用某运营商的帧中继网络来进行通信（本实验中用路由器作为帧中继交换机），要求两个部门能通过帧中继网络互相通信，保证公司信息顺利传递。

3. 实验拓扑

如图 16-4 所示。

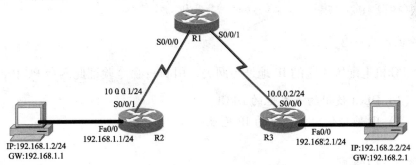

图 16-4　实验拓扑图

4. 实验步骤

步骤1：把 R1 配置成帧中继交换机。

```
R1(config)#frame-relay switching    //把路由器作为帧中继交换机
R1(config)#interface Serial0/0/0
```

```
R1(config-if)#no ip address
R1(config-if)#encapsulation frame-relay
R1(config-if)#clockrate 64000
R1(config-if)#frame-relay lmi-type ansi
R1(config-if)#frame-relay intf-type dce
R1(config-if)# frame-relay route 102 interface Serial0/0/1 201
R1(config-if)#interface Serial0/0/1
R1(config-if)#no ip address
R1(config-if)#encapsulation frame-relay
R1(config-if)#clockrate 64000
R1(config-if)#frame-relay lmi-type cisco
R1(config-if)#frame-relay intf-type dce
R1(config-if)#frame-relay route 201 interface Serial0/0/0 102
```

步骤2：配置路由器 R2。

```
R2(config)# interface Serial0/0/1
R2(config-if)# ip address 10.0.0.1 255.255.255.0
R2(config-if)# encapsulation frame-relay
R2(config-if)#frame-relay map ip 10.0.0.2 102 broadcast
R2(config-if)#no frame-relay inverse-arp
```

步骤3：配置路由器 R3。

```
R3(config)# interface Serial0/0/0
R3(config-if)# ip address 10.0.0.2 255.255.255.0
R3(config-if)# encapsulation frame-relay
R3(config-if)#frame-relay map ip 10.0.0.1 201 broadcast
R3(config-if)#no frame-relay inverse-arp
```

步骤4：在 R1 和 R2 上启用静态路由。

```
R1(config)# ip route0.0.0.0 0.0.0.0 10.0.0.2
R2(config)# ip route0.0.0.0 0.0.0.0 10.0.0.1
```

5. 实验调试及注意事项

在两个 PC 机上配置相应的 IP 地址与网关，用 ping 命令验证此两台 PC 机的连通性。

注意事项：（1）DLCI 使用的是本地的 DLCI。

（2）IP 地址使用的是目的 IP 地址。

6. 实验思考问题

（1）在 R1 的 F0/0 接口配置 IP 地址 10.0.0.3，把与之相连的 PC 机 IP 配置成 10.0.0.4，网关为 10.0.0.3，验证在此 PC 机上是否能 ping 通 10.0.0.1 和 10.0.0.2，为什么？

（2）如果将目的 IP 地址映射到目的 DLCI 上或者将本地 IP 地址映射到本地 DLCI 上，会怎么样？

（3）ARP 转换地址时，会将目的 IP 地址转换成本地 DLCI 还是目的 DLCI？

16.4 帧中继命令汇总

表 16-1 帧中继命令汇总表

命 令	作 用
Frame – relay switching	把路由器配置成帧中继交换机
Encapsulation frame – relay	接口封装成帧中继
Frame – relay lmi – type cisco	配置 LMI 的类型
Frame – relay intf – type dce	配置接口是帧中继的 DCE 还是 DTE
Frame – relay route	配置帧中继交换表
Show frame – relay route	显示帧中继交换表
Show frame pvc	显示帧中继 PVC 状态
Show frame Lmi	显示帧中继 LMI 信息
Show frame – relay map	查看帧中继映射
No frame – relay inverse – arp	关闭帧中继自动映射
Frame – relay interface – dlci 101	在点到点子接口上配置 DLCI

附录 A　Packet Tracer 5.2 简介

Packet Tracer 是由 Cisco 公司发布的一个辅助学习工具，为学习思科网络课程的初学者去设计、配置、排除网络故障提供了网络模拟环境。用户可以在软件的图形用户界面上直接使用拖曳方法建立网络拓扑，并可提供数据包在网络中传输的详细处理过程，观察网络实时运行情况。用户可以通过该软件学习 Cisco IOS 的配置、锻炼故障排查能力。下面介绍它的简单使用。

A.1　安　　装

Packet Tracer 5.2 安装非常方便，在安装向导帮助下一步步很容易完成（如图 A-1 和图 A-2 所示）。

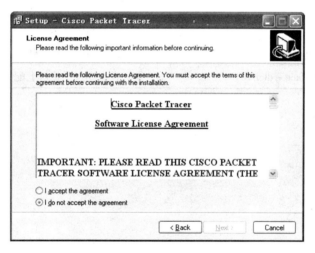

图 A-1　安装过程 1

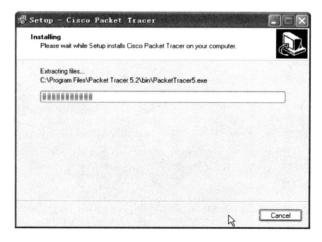

图 A-2　安装过程 2

附录A　Packet Tracer 5.2简介

安装完成后，可通过【开始】菜单中的命令动行 Packet Tracer 5.2（如图 A-3 所示）。

图 A-3　开始菜单的软件运行文件

A.2　添加网络设备和计算机构建网络

Packet Tracer 5.2 非常简明扼要，白色的工作区显示得非常明白，工作区上方是菜单栏和工具栏，工作区下方是网络设备、计算机、连接栏，工作区右侧选择、删除设备工具栏（如图 A-4 所示）。

图 A-4　Packet Tracer 5.2 的界面

在设备工具栏内先找到要添加设备的大类别，然后从该类别的设备中寻找并添加自己想要的设备。例如，先选择交换机，然后选择具体型号的思科交换机。具体操作步骤如图 A-5～图 A-11 所示。

193

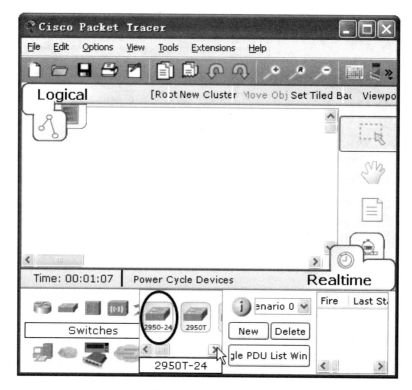

图 A-5 添加交换机

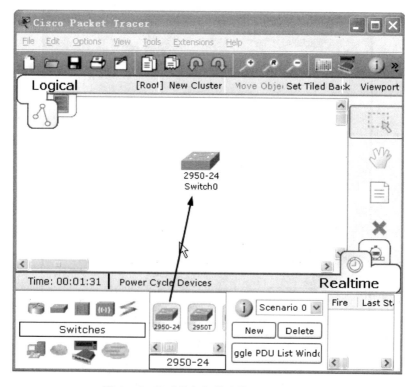

图 A-6 拖动选择好的交换机到工作区

附录A Packet Tracer 5.2简介

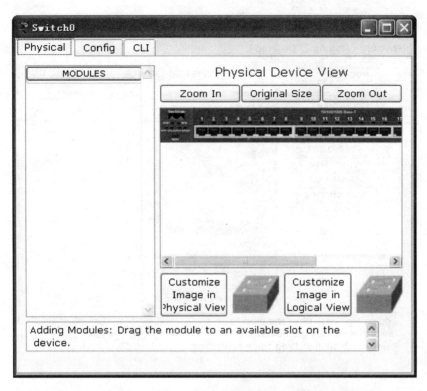

图A-7 单击设备，查看设备的前面板、具有的模块及配置设备

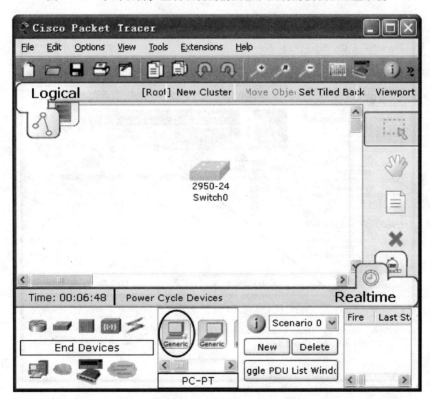

图A-8 添加计算机：Packet Tracer 5.2中有多种计算机

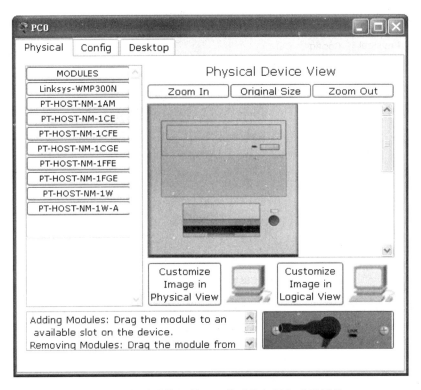

图 A-9　查看计算机并可以给计算机添加功能模块

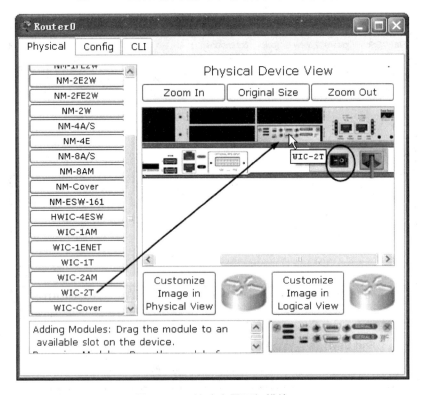

图 A-10　给路由器添加模块

附录A Packet Tracer 5.2简介

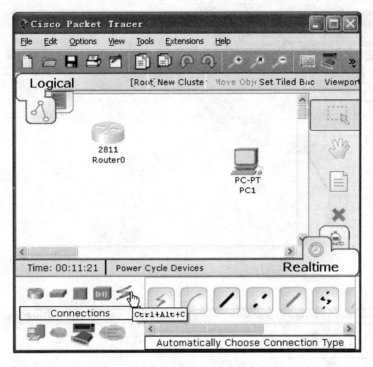

图 A-11 添加连接线连接各个设备

思科 Packet Tracer 5.2 有很多连接线，每一种连接线代表一种连接方式，有控制台连接、双绞线交叉连接、双绞线直通连接、光纤、串行 DCE 及串行 DTE 等连接方式供用户选择。如果不能确定应该使用哪种连接，可以使用自动连接，让软件自动选择相应的连接方式。具体操作如图 A-12～图 A-16 所示。

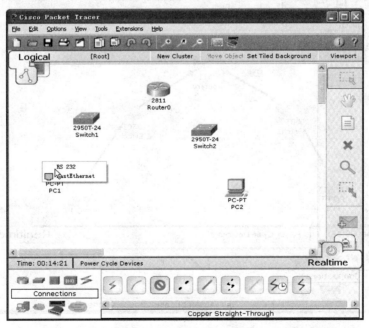

图 A-12 连接计算机与交换机，选择计算机要连接的接口

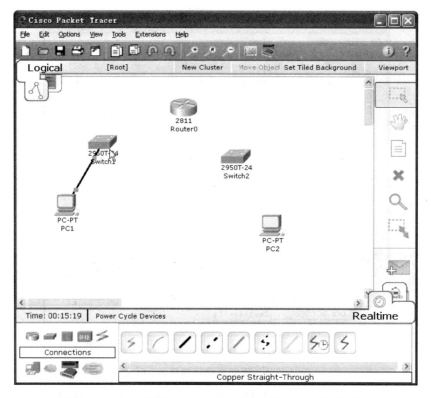

图 A-13　连接计算机与交换机，选择交换机要连接的接口

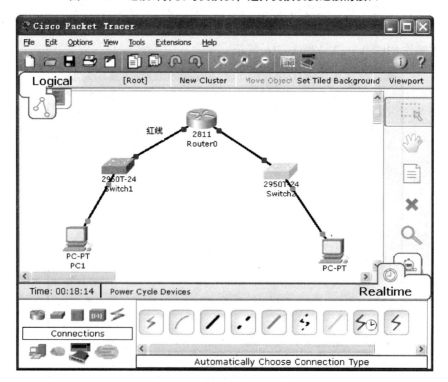

图 A-14　红色表示该连接线路不通，绿色表示连接通畅

附录A　Packet Tracer 5.2简介

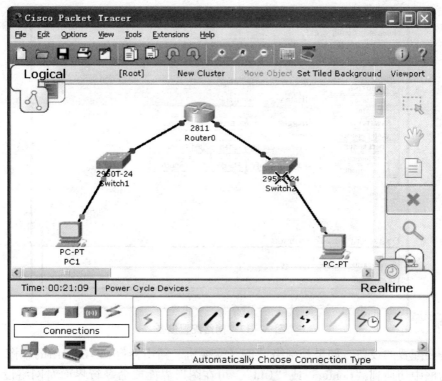

图 A-15　删除连接及设备

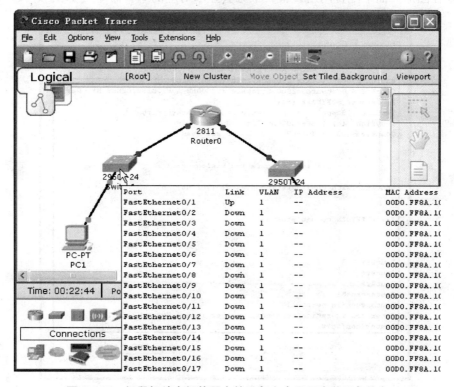

图 A-16　把鼠标放在拓扑图中的设备上会显示当前设备信息

图 A-17　网络配置设备

单击要配置的设备，如果是网络设备（交换机、路由器等），在弹出的如图 A-17 所示的对话框中切换到"Config"或"CLI"，可在图形界面或命令行界面对网络设备进行配置。如果在图形界面下配置网络设备，下方会显示对应的 IOS 命令（如图 A-18 所示）。

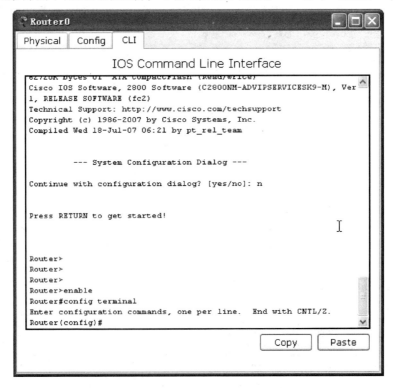

图 A-18　CLI 命令行配置

附录A Packet Tracer 5.2简介

在计算机中，可以对计算机的端口进行配置（如图 A-19 所示）。

图 A-19 计算机的配置界面

如图 A-20 所示，显示了计算机所具有的所有应用程序。

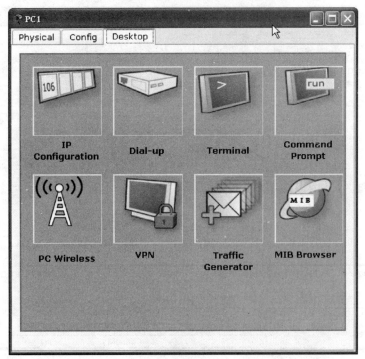

图 A-20 计算机所具有的应用程序

Packet Tracer 5.2 还可以模拟计算机 RS-232 接口与思科网络设备的 Console 接口相连接，用终端软件对网络设备进行配置，与真实环境没有差别。如图 A-21 ~ 图 A-24 所示。

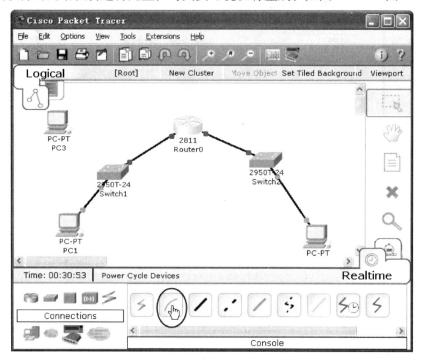

图 A-21　添加计算机与交换机的控制台连接，选择了"Console"连接线

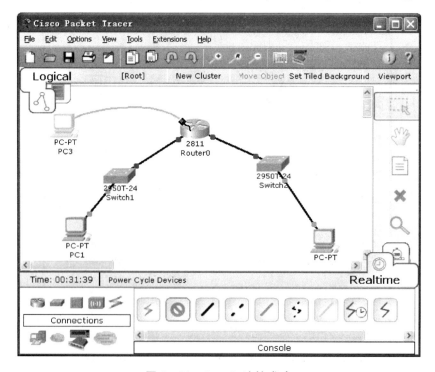

图 A-22　Console 连接成功

图 A-23 计算机以终端方式连接到网络设备进行配置

图 A-24 感觉与真实情况一样

Packet Tracer 5.2 把网络环境搭建好了，接下来就可以模拟真实的网络环境进行配置了，具体怎么样构建网络环境，要看自己对网络设备的了解了。Packet Tracer 5.2 高级应用还需要读者慢慢地探索。

A.3 真实或模拟环境测试网络

软件界面的最右下角有两个切换模式,分别是 Realtime mode(实时模式)和 Simulation mode(模拟模式)。实时模式顾名思义即为时模式,也就是所说的真实模式。举个例子,两台主机通过直通双绞线连接并将它们设为同一个网段,那么 A 主机 Ping B 主机时,瞬间可以完成,这就是实时模式。而模拟模式呢,切换到模拟模式后主机 A 的 CMD 里将不会立即显示 ICMP 信息,而是软件正在模拟这个瞬间的过程,以人类能够理解的方式展现出来,如下所示。

(1)有趣的 Flash 动画模拟真实数据包的传递过程。只需单击 Auto Capture(自动捕获),那么直观、生动的 Flash 动画即显示了网络数据包的来龙去脉(如图 A-25 所示)。这是该软件的一大闪光点。

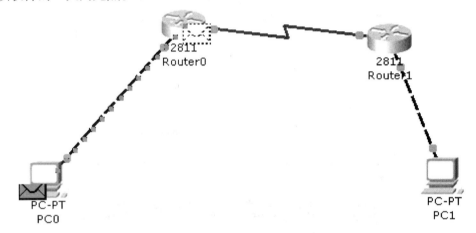

图 A-25 模拟数据包传递图

(2)单击 Simulate mode,会出现 Event List 对话框,该对话框显示当前捕获到的数据包的详细信息,包括持续时间、源设备、目的设备、协议类型和协议详细信息(如图 A-26 所示),非常直观。

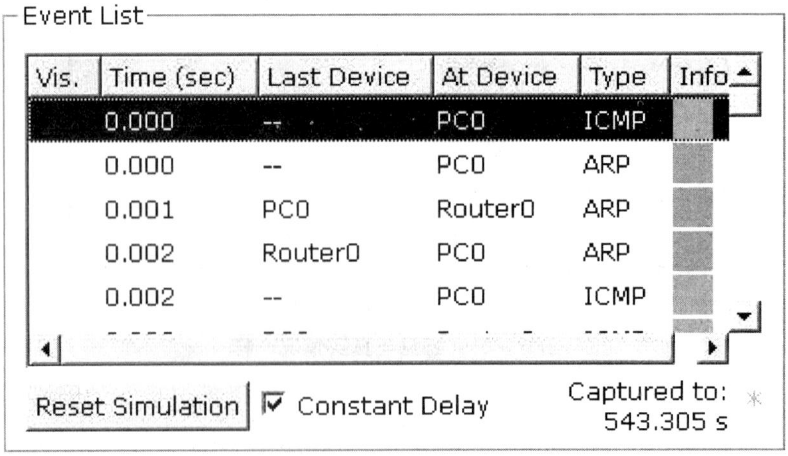

图 A-26 模拟事件列表图

(3) 要了解协议的详细信息，请单击显示不用颜色的协议类型信息 Info，这个功能非常强大，会显示出很详细的 OSI 模型信息和各层 PDU（如图 A-27 所示）。

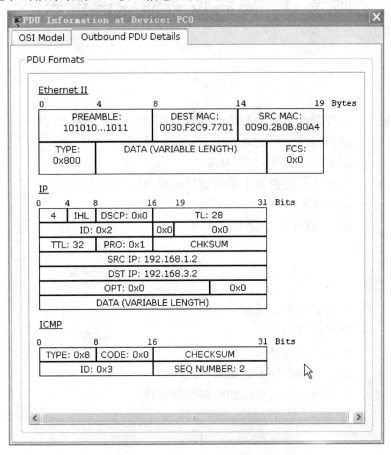

图 A-27 模拟 PDU 结构图

Packet Tracer 功能很强大，可以帮助没有实际实验环境的学习者，为其提供学习的机会。

附录 B　思科设备命令速查表

A

Access – enable	允许路由器在动态访问列表中创建临时访问列表入口
Access – group	把访问控制列表（ACL）应用到接口上
Access – list	定义一个标准的 IP ACL
Access – template	在连接的路由器上手动替换临时访问列表入口
Appn	向 APPN 子系统发送命令
Atmsig	执行 ATM 信令命令

B

B	手动引导操作系统
Bandwidth	设置接口的带宽
Banner motd	指定日期信息标语
Bfe	设置突发事件手册模式
Boot system	指定路由器启动时加载的系统映像

C

Calendar	设置硬件日历
Cd	更改路径
Cdp enable	允许接口运行 CDP 协议
Clear	复位功能
Clear counters	清除接口计数器
Clear interface	重新启动接口上的件逻辑
Clockrate	设置串口硬件连接的时钟速率，如网络接口模块和接口处理器能接受的速率
Cmt	开启/关闭 FDDI 连接管理功能
Config – register	修改配置寄存器设置
Configure	允许进入存在的配置模式，在中心站点上维护并保存配置信息
Configure memory	从 NVRAM 加载配置信息
Configure terminal	从终端进行手动配置
Connect	打开一个终端连接
Copy	复制配置或映像数据

Copy flash tftp	备份系统映像文件到 TFTP 服务器
Copy running – config startup – config	将 RAM 中的当前配置存储到 NVRAM
Copy running – config tftp	将 RAM 中的当前配置存储到网络 TFTP 服务器上
Copy tftp flash	从 TFTP 服务器上下载新映像到 Flash
Copy tftp running – config	从 TFTP 服务器上下载配置文件

D

Debug	使用调试功能
Debug dialer	显示接口所拨的号码及其信息
Debug ip rip	显示 RIP 路由选择更新数据
Debug ipx routing activity	显示关于路由选择协议（RIP）更新数据包的信息
Debug ipx sap	显示关于 SAP（业务通告协议）更新数据包信息
Debug isdn q921	显示在路由器 D 通道 ISDN 接口上发生的数据链路层（第 2 层）的访问过程
Debug ppp	显示在实施 PPP 中发生的业务和交换信息
Delete	删除文件
Deny	为一个已命名的 IP ACL 设置条件
Dialer idle – timeout	规定线路断开前的空闲时间的长度
Dialer map	设置一个串行接口来呼叫一个或多个地点
Dialer wait – for – carrier – time	规定花多长时间等待一个载体
Dialer – group	通过对属于一个特定拨号组的接口进行配置来访问控制
Dialer – list protocol	定义一个数字数据接受器（DDR）拨号表以通过协议或 ACL 与协议的组合来控制拨号
Dir	显示给定设备上的文件
Disable	关闭特许模式
Disconnect	断开已建立的连接

E

Enable	打开特许模式
Enable password	确定一个密码以防止对路由器非授权的访问
Enable secret	为 enable password 命令定义额外一层安全性（强制安全，密码非明文显示）
Encapsulation frame – relay	启动帧中继封装
Encapsulation novell – ether	规定在网络段上使用的 Novell 独一无二的格式
Encapsulation PPP	把 PPP 设置为由串口或 ISDN 接口使用的封装方法
Encapsulation sap	规定在网络段上使用的以太网 802.2 格式 Cisco 的密码是 sap
End	退出配置模式

Erase	删除闪存或配置缓存
Erase startup – config	删除 NVRAM 中的内容
Exec – timeout	配置 EXEC 命令解释器在检测到用户输入前所等待的时间
Exit	退出所有配置模式或者关闭一个激活的终端会话和终止一个 EXEC

F

Format	格式化设备
Frame – relay local – dlci	为使用帧中继封装的串行线路启动本地管理接口（LMI）

H

Help	获得交互式帮助系统
History	查看历史记录
Hostname	使用一个主机名来配置路由器，该主机名以提示符或者默认文件名的方式使用

I

Interface	设置接口类型并且输入接口配置模式
Interface serial	选择接口并且输入接口配置模式
Ip access – group	控制对一个接口的访问
Ip address	设定接口的网络逻辑地址
Ip default – network	建立一条默认路由
Ip domain – lookup	允许路由器默认使用 DNS
Ip host	定义静态主机名到 IP 地址映射
Ip name – server	指定至多 6 个进行名字 – 地址解析的服务器地址
Ip route	建立一条静态路由
Ip unnumbered	在为给一个接口分配一个明确的 IP 地址情况下，在串口上启动互联网协议（IP）的处理过程
Ipx delay	设置点计数
Ipx ipxwan	在串口上启动 IPXWAN 协议
Ipxmaximum – paths	当转发数据包时设置 Cisco IOS 软件使用的等价路径数量
Ipx network	在一个特定接口上启动互联网数据包交换（IPX）的路由选择并且选择封装的类型（用帧封装）
Ipx router	规定使用的路由选择协议
Ipx routing	启动 IPX 路由选择
Ipx sap – interval	在较慢的链路上设置较不频繁的 SAP（业务广告协议）更新
Ipx type – 20 – input – checks	限制对 IPX20 类数据包广播的传播的接受

Isdn spid1	在路由器上规定已经由 ISDN 业务供应商为 B1 信道分配的业务简介号（SPID）
Isdn spid2	在路由器上规定已经由 ISDN 业务供应商为 B2 信道分配的业务简介号（SPID）
Isdntch – type	规定了在 ISDN 接口上的中央办公区的交换机的类型

K

Keeplive	为使用帧中继封装的串行线路 LMI（本地管理接口）机制

L

Lat	打开 LAT 连接
Line	确定一个特定的线路和开始线路配置
Line concole	设置控制台端口线路
Line vty	为远程控制台访问规定了一个虚拟终端
Lock	锁住终端控制台
Login	在终端会话登录过程中启动了密码检查
Logout	退出 EXEC 模式

M

Mbranch	向下跟踪组播地址路由至终端
Media – type	定义介质类型
Metric holddown	把新的 IGRP 路由选择信息与正在使用的 IGRP 路由选择信息隔离一段时间
Mrbranch	向上解析组播地址路由至枝端
Mrinfo	从组播路由器上获取邻居和版本信息
Mstat	对组播地址多次路由跟踪后显示统计数字
Mtrace	由源向目标跟踪解析组播地址路径

N

Name – connection	命名已存在的网络连接
Ncia	开启/关闭 NCIA 服务器
Network	指定一个和路由器直接相连的网络地址段
Network – number	对一个直接连接的网络进行规定
No shutdown	打开一个关闭的接口

P

Pad	开启一个 X.29 PAD 连接
Permit	为一个已命名的 IP ACL 设置条件
Ping	把 ICMP 响应请求的数据包发送网络上的另一个节点，检查主机的可达性和网络的连通性，对网络的基本连通性进行诊断
Ppp	开始 IETF 点到点协议
Ppp authentication	启动 Challenge 握手鉴权协议（CHAP）或者密码验证协议（PAP），或者将两者都启动，并且对在接口上选择的 CHAP 和 PAP 验证的顺序进行规定
Ppp chap hostname	当用 CHAP 进行身份验证时，创建一批好像是同一台主机的拨号路由器
Ppp chap password	设置一个密码，该密码被发送到对路由器进行身份验证的主机命令对进入路由器的用户名/密码的数量进行了限制
Ppp pap sent – username	对一个接口启动远程 PAP 支持，并且在 PAP 对同等层请求数据包验证过程中使用 sent – username 和 password
Protocol	对一个 IP 路由选择协议进行定义，该协议可以是 RIP，内部网关路由选择协议（IGRP），开放最短路径优先（OSPF），还可以是加强的 IGRP
Pwd	显示当前设备名

R

Reload	关闭并执行冷启动；重启操作系统
Rlogin	打开一个活动的网络连接
Router	由第一项定义的 IP 路由协议作为路由进程，例如：router rip 选择 RIP 作为路由协议
Router igrp	启动一个 IGRP 的路由选择过程
Router rip	选择 RIP 作为路由选择协议
Rsh	执行一个远程命令

S

Sdlc	发送 SDLC 测试帧
Send	在 Vty 线路上发送消息
Service password – encryption	对口令进行加密
Setup	运行 Setup 命令
Show	显示运行系统信息
Show access – lists	显示当前所有 ACL 的内容

Show buffers	显示缓存器统计信息
Show cdp entry	显示 CDP 表中所列相邻设备的信息
Show cdp interface	显示打开的 CDP 接口信息
Show cdp neighbors	显示 CDP 查找进程的结果
Show dialer	显示为 DDR（数字数据接受器）设置的串行接口的一般诊断信息
Show flash	显示闪存的布局和内容信息
Show frame – relay lmi	显示关于本地管理接口（LMI）的统计信息
Show frame – relay map	显示关于连接的当前映射入口和信息
Show frame – relay pvc	显示关于帧中继接口的永久虚电路（PVC）的统计信息
Show hosts	显示主机名和地址的缓存列表
Show interfaces	显示设置在路由器和访问服务器上所有接口的统计信息，显示路由器上配置的所有接口的状态
Show interfaces serial	显示关于一个串口的信息
Show ip interface	列出接口的状态和全局参数
Show ip protocols	显示活动路由协议进程的参数和当前状态
Show ip route	显示路由选择表的当前状态
Show ip router	显示 IP 路由表信息
Show ipx interface	显示 Cisco IOS 软件设置的 IPX 接口的状态以及每个接口中的参数
Show ipx route	显示 IPX 路由选择表的内容
Show ipx servers	显示 IPX 服务器列表
Show ipx traffic	显示数据包的数量和类型
Show isdn active	显示当前呼叫的信息，包括被叫号码、建立连接前所花费的时间、在呼叫期间使用的自动化操作控制（AOC）收费单元以及是否在呼叫期间和呼叫结束时提供 AOC 信息
Show isdn status	显示所有 ISDN 接口的状态、或者一个特定的数字信号链路（DSL）的状态或者一个特定 ISDN 接口的状态
Show memory	显示路由器内存的大小，包括空闲内存的大小
Show processes	显示路由器的进程
Show protocols	显示配置的协议（这条命令显示任何配置了的第 3 层协议的状态）
Show running – config	显示 RAM 中的当前配置信息
Show spantree	显示关于虚拟局域网（VLAN）的生成树信息
Show stacks	监控和中断程序对堆栈的使用，并显示系统上一次重启的原因
Show startup – config	显示 NVRAM 中的启动配置文件
Show ststus	显示 ISDN 线路和两个 B 信道的当前状态
Show version	显示系统硬件的配置，软件的版本，配置文件的名称和来源及引导映像
Shutdown	关闭一个接口

T

Telnet	开启一个 telnet 连接
Term ip	指定当前会话的网络掩码的格式
Term ip netmask – format	规定了在 SHOW 命令输出中网络掩码显示的格式
Timers basic	控制着 IGRP 以多少时间间隔发送更新信息
Trace	跟踪 IP 路由

U

Username password 规定了在 CHAP 和 PAP 呼叫者身份验证过程中使用的密码

V

Verify	检验 flash 文件

W

Where	显示活动连接
Which – route OSI	路由表查找和显示结果
Write	运行的配置信息写入内存，网络或终端
Write erase	现在由 copy startup – config 命令替换

X

X3	在 PAD 上设置 X.3 参数
Xremote	进入 XRemote 模式

参 考 文 献

[1] 梁广民，王隆杰. 思科网络实验室路由、交换实验指南［M］. 北京：电子工业出版社，2007.
[2] 谢希仁. 计算机网络教程（第2版）［M］. 北京：人民邮电出版社，2006.
[3] ［美］Greg Tomsho，ED Tittel. 计算机网络教程［M］（第4版）. 北京：清华大学出版社，2005.
[4] ［美］Richard Deal. CCNA 学习指南［M］. 北京：人民邮电出版社，2004.
[5] 陆魁军. 计算机网络工程实践教程－基于 Cisco 路由器和交换机［M］. 杭州：浙江大学出版社，2006.
[6] 邢建国. 网络技术实验教程［M］. 杭州：浙江大学出版社，2007.
[7] 陈明. 局域网络教程［M］. 北京：清华大学出版社，2004.
[8] 任午令，潘云，许祥. 计算机网络技术与应用［M］. 杭州：浙江大学出版社，2006.
[9] ［美］Cisco Systems 公司. 思科网络技术学院教程［M］（第一、二学期）（第三版）. 北京：人民邮电出版社，2004.
[10] ［美］Cisco Systems 公司. 思科网络技术学院教程［M］（第三、四学期）（第三版）. 北京：人民邮电出版社，2004.
[11] ［美］Jeff Doyle. TCP/IP 路由技术［M］（第一卷）. 北京：人民邮电出版社，2003.
[12] ［美］Cisco Systems 公司. 思科网络技术学院教程 CCNP1 高级路由［M］（第二版）. 北京：人民邮电出版社，2005.
[13] ［美］Mark MCGregor. CCNP 思科网络技术学院教程［M］（第五学期）实验手册 高级路由. 北京：人民邮电出版社，2002.
[14] 骆耀祖，叶宇凤，刘东远. 网络系统集成与管理［M］. 北京：人民邮电出版社，2005.
[15] 申普兵. 计算机网络与通信［M］. 北京：人民邮电出版社，2006.
[16] 胡华. 网络技术基础与应用［M］. 杭州：浙江大学出版社，2007.